JN069450

はじめに

　新型コロナウイルス感染症の影響により、これまでの働き方が見直されており、スマートフォンやクラウドサービス等を活用したテレワークやオンライン会議など、距離や時間に縛られない多様な働き方が定着しつつあります。

　今後、第5世代移動通信システム（5G）の活用が本格的に始まると、デジタルトランスフォーメーション（DX）の動きはさらに加速していくと考えられます。

　こうした中、企業では、生産性向上に向け、ITを利活用した業務効率化が不可欠となっており、クラウドサービスを使った会計事務の省力化、ECサイトを利用した販路拡大、キャッシュレス決済の導入など、ビジネス変革のためのデジタル活用が進んでいます。一方で、デジタル活用ができる人材は不足しており、その育成や確保が課題となっています。

　日本商工会議所ではこうしたニーズを受け、仕事に直結した知識とスキルの習得を目的として、IT利活用能力のベースとなる Microsoft®のOfficeソフトの操作スキルを問う「日商PC検定試験」をネット試験方式により実施しています。

　特に企業実務では、多くのデータを取り扱うようになっています。パソコンソフトを使って必要とする業務データベースを作成し、これを活用して効率的・効果的に業務を遂行することが求められています。

　同試験のデータ活用分野は、表計算ソフトを活用して、業務データの処理や目的に応じた各種グラフの作成等を問う内容になっております。

　本書は「データ活用3級」の学習のための公式テキストであり、試験で出題される、基本的な表計算ソフトの活用法や業務データベースの取り扱い方を学べる内容となっております。

　本書を試験合格への道標としてご活用いただくとともに、修得した知識やスキルを活かして企業等でご活躍されることを願ってやみません。

2021年2月

日本商工会議所

本書を購入される前に必ずご一読ください
本書は、2020年11月現在のExcel 2019（16.0.10366.20016）、Excel 2016（16.0.4549.1000）に基づいて解説しています。
本書発行後のWindowsやOfficeのアップデートによって機能が更新された場合には、本書の記載のとおりに操作できなくなる可能性があります。あらかじめご了承のうえ、ご購入・ご利用ください。

Contents

Contents

本書をご利用いただく前に

本書で学習を進める前に、ご一読ください。

1 本書の記述について

説明のために使用している記号には、次のような意味があります。

記述	意味	例
[　　　]	キーボード上のキーを示します。	[Enter]　[Delete]
[　　]＋[　　]	複数のキーを押す操作を示します。	[Alt]＋[Enter] （[Alt]を押しながら[Enter]を押す）
《　　　》	ダイアログボックス名やタブ名、項目名など画面の表示を示します。	《ホーム》タブを選択します。 《セルの書式設定》ダイアログボックスが表示されます。
「　　　」	重要な語句や機能名、画面の表示、入力する文字列などを示します。	「取引先」といいます。 「部署名」と入力します。

　Excelの実習

　学習の前に開くファイル

*　用語の説明

※　補足的な内容や注意すべき内容

　操作する際に知っておくべき内容や知っていると便利な内容

　問題を解くためのポイント

　標準的な操作手順

(2019)　Excel 2019の操作方法

(2016)　Excel 2016の操作方法

2 製品名の記載について

本書では、次の名称を使用しています。

正式名称	本書で使用している名称
Windows 10	Windows 10　または　Windows
Microsoft Office 2019	Office 2019　または　Office
Microsoft Excel 2019	Excel 2019　または　Excel
Microsoft Excel 2016	Excel 2016　または　Excel

本書を学習するには、次のソフトウェアが必要です。

Excel 2019　または　Excel 2016

本書を開発した環境は、次のとおりです。
・OS：Windows 10（ビルド19041.572）
・アプリケーションソフト：Microsoft Office Professional Plus 2019
　　　　　　　　　　　　　Microsoft Excel 2019（16.0.10366.20016）
・ディスプレイ：画面解像度　1024×768ピクセル
※インターネットに接続できる環境で学習することを前提に記述しています。
※環境によっては、画面の表示が異なる場合や記載の機能が操作できない場合があります。

◆Office製品の種類
Microsoftが提供するOfficeには、「ボリュームライセンス」「プレインストール」「パッケージ」「Microsoft365」などがあり、種類によって画面が異なることがあります。
※本書は、ボリュームライセンスをもとに開発しています。

●Microsoft365で《ホーム》タブを選択した状態（2020年12月現在）

◆画面解像度の設定
画面解像度を本書と同様に設定する方法は、次のとおりです。
①デスクトップの空き領域を右クリックします。
②《ディスプレイ設定》をクリックします。
③《ディスプレイの解像度》の✓をクリックし、一覧から《1024×768》を選択します。
※確認メッセージが表示される場合は、《変更の維持》をクリックします。

◆ボタンの形状
ディスプレイの画面解像度やウィンドウのサイズなど、お使いの環境によって、ボタンの形状やサイズが異なる場合があります。ボタンの操作は、ポップヒントに表示されるボタン名を確認してください。
※本書に掲載しているボタンは、ディスプレイの画面解像度を「1024×768ピクセル」、ウィンドウを最大化した環境を基準にしています。

◆スタイルや色の名前
本書発行後のWindowsやOfficeのアップデートによって、ポップヒントに表示されるスタイルや色などの項目の名前が変更される場合があります。本書に記載されている項目名が一覧にない場合は、任意の項目を選択してください。

4 学習ファイルのダウンロードについて

本書で使用する学習ファイルは、FOM出版のホームページで提供しています。
ダウンロードしてご利用ください。

ホームページ・アドレス

https://www.fom.fujitsu.com/goods/

※アドレスを入力するとき、間違いがないか確認してください。

ホームページ検索用キーワード

FOM出版

◆ダウンロード

学習ファイルをダウンロードする方法は、次のとおりです。

①ブラウザーを起動し、FOM出版のホームページを表示します。

※アドレスを直接入力するか、キーワードでホームページを検索します。

②《ダウンロード》をクリックします。

③《資格》の《日商PC検定》をクリックします。

④《日商PC検定試験 3級》の《日商PC検定試験 データ活用 3級 公式テキスト&問題集
Excel 2019／2016対応FPT2011》をクリックします。

⑤「fpt2011.zip」をクリックします。

⑥ダウンロードが完了したら、ブラウザーを終了します。

※ダウンロードしたファイルは、パソコン内のフォルダー《ダウンロード》に保存されます。

◆ダウンロードしたファイルの解凍

ダウンロードしたファイルは圧縮されているので、解凍（展開）します。

ダウンロードしたファイル「fpt2011.zip」を《ドキュメント》に解凍する方法は、次のとおりです。

①デスクトップ画面を表示します。

②タスクバーの ▦ （エクスプローラー）をクリックします。

③《ダウンロード》をクリックします。

※《ダウンロード》が表示されていない場合は、《PC》
　をダブルクリックします。

④ファイル「fpt2011」を右クリックします。

⑤《すべて展開》をクリックします。

⑥《参照》をクリックします。

⑦《ドキュメント》をクリックします。

※《ドキュメント》が表示されていない場合は、《PC》
　をダブルクリックします。

⑧《フォルダーの選択》をクリックします。

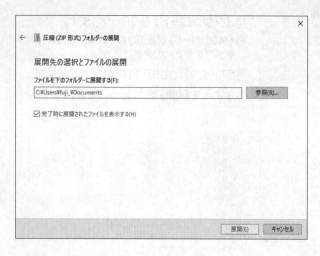

⑨《ファイルを下のフォルダーに展開する》が
「C:¥Users¥（ユーザー名）¥Documents」
に変更されます。

⑩《完了時に展開されたファイルを表示す
る》を☑にします。

⑪《展開》をクリックします。

⑫ファイルが解凍され、《ドキュメント》が開
かれます。

⑬フォルダー「日商PC データ活用3級 Excel
2019／2016」が表示されていることを
確認します。

※すべてのウィンドウを閉じておきましょう。

◆学習ファイルの一覧

フォルダー「日商PC データ活用3級 Excel2019／2016」には、学習ファイルが入っています。タスクバーの ■ (エクスプローラー) →《PC》→《ドキュメント》をクリックし、一覧からフォルダーを開いて確認してください。

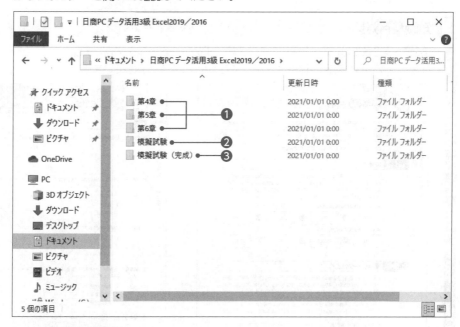

❶第4章／第5章／第6章
各章で使用するファイルが収録されています。

❷模擬試験
模擬試験 (実技科目) で使用するファイルが収録されています。

❸模擬試験 (完成)
模擬試験 (実技科目) の操作後の完成ファイルが収録されています。

◆学習ファイルの場所
本書では、学習ファイルの場所を《ドキュメント》内のフォルダー「日商PC データ活用3級Excel2019／2016」としています。《ドキュメント》以外の場所に解凍した場合は、フォルダーを読み替えてください。

◆学習ファイル利用時の注意事項
ダウンロードした学習ファイルを開く際、そのファイルが安全かどうかを確認するメッセージが表示される場合があります。学習ファイルは安全なので、《編集を有効にする》をクリックして、編集可能な状態にしてください。

| 保護ビュー 注意―インターネットから入手したファイルは、ウイルスに感染している可能性があります。編集する必要がなければ、保護ビューのままにしておくことをお勧めします。 | 編集を有効にする(E) | × |

効果的な学習の進め方について

本書をご利用いただく際には、次のような流れで学習を進めると、効果的な構成になっています。

1 知識科目対策

第1章～第3章では、データ活用3級の合格に求められる知識を学習しましょう。
章末には学習した内容の理解度を確認できる小テストを用意しています。

2 実技科目対策

第4章～第6章では、データ活用3級の合格に必要なExcelの機能や操作方法を学習しましょう。
章末には学習した内容の理解度を確認できる小テストを用意しています。

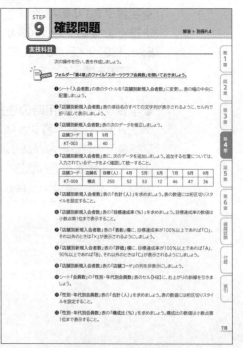

3 実戦力養成

本試験と同レベルの模擬試験にチャレンジしましょう。
時間を計りながら解いて、力試しをしてみるとよいでしょう。

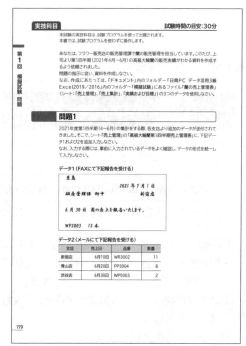

4 弱点補強

模擬試験を採点し、弱点を補強しましょう。
間違えた問題は各章に戻って復習しましょう。
別冊に採点シートを用意しているので活用してください。

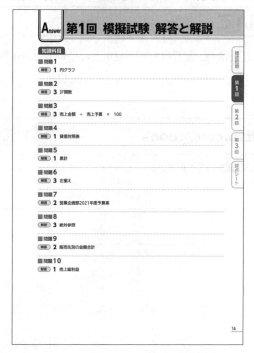

6　ご購入者特典について

模擬試験を学習する際は、「採点シート」を使って採点し、弱点を補強しましょう。
FOM出版のホームページから採点シートを表示できます。必要に応じて、印刷または保存してご利用ください。

◆採点シートの表示方法

パソコンで表示する	スマートフォン・タブレットで表示する
① ブラウザーを起動し、次のホームページにアクセスします。	① スマートフォン・タブレットで下のQRコードを読み取ります。

https://www.fom.fujitsu.com/goods/eb/

※アドレスを入力するとき、間違いがないか確認してください。

② 「日商PC検定試験 データ活用 3級 公式テキスト&問題集 Excel2019／2016対応（FPT2011）」の《特典を入手する》をクリックします。

③ 本書の内容に関する質問に回答し、《入力完了》を選択します。

④ ファイル名を選択します。

⑤ PDFファイルが表示されます。

※必要に応じて、印刷または保存してご利用ください。

② 「日商PC検定試験 データ活用 3級 公式テキスト&問題集 Excel2019／2016対応（FPT2011）」の《特典を入手する》をクリックします。

③ 本書の内容に関する質問に回答し、《入力完了》を選択します。

④ ファイル名を選択します。

⑤ PDFファイルが表示されます。

※必要に応じて、印刷または保存してご利用ください。

7　本書の最新情報について

本書に関する最新のQ&A情報や訂正情報、重要なお知らせなどについては、FOM出版のホームページでご確認ください。

ホームページ・アドレス

https://www.fom.fujitsu.com/goods/

※アドレスを入力するとき、間違いがないか確認してください。

ホームページ検索用キーワード

FOM出版

第1章
取引の仕組みと業務の流れ

STEP 1 取引の仕組み

企業活動では、原料を購入したり、製造したものを販売したりすることで、ほかの企業や個人と関係を持ちます。企業は、関係を拡大していくことで業績を向上させます。
ここでは、企業活動の中心となる「取引」について確認しましょう。

1 取引とは

取引とは、当事者間で合意された商品やサービスに対して対価を支払うことをいいます。対価を支払うということは、現金が移動することです。現金の移動（入金や出金）が発生しない企業活動は、取引とはいいません。取引の相手先のことは「取引先」といいます。たとえば、スーパーマーケットで商品を購入して代金を支払うことが取引になり、スーパーマーケットは取引先になります。

取引は、書面の合意がなくても成立します。しかし、企業間の取引や大きな金額の取引の場合は、合意内容を明記した書類を作成することが通常です。

さまざまな取引がありますが、データ活用3級では、取引のうち、インターネットを活用した「電子商取引」を中心に見ていきます。

電子商取引

取引

取引先

2　取引の種類

電子商取引は、誰と誰の取引かによって、表1.1のように分類されます。

■表1.1　取引の種類

名称	説明	例
BtoC ビートゥーシー	企業と個人が取引を行う形態。 企業が一般消費者向けに行う製品の製造、販売やサービスの提供などが該当する。 「Business to Consumer」の略。	インターネットショッピング インターネットバンキング[*1]
BtoB ビートゥービー	企業と企業が取引を行う形態。 企業が企業のために行う製品の製造、販売やサービスの提供などが該当する。 「Business to Business」の略。	部品や原材料の調達システム 製造、組み立てなどの受発注システム
GtoB ジートゥービー	政府や自治体と企業が取引を行う形態。 政府機関が企業のために行う製品の製造、販売やサービスの提供などが該当する。 「Government to Business」の略。	自治体の許可申請システム 公共事業の電子入札システム
BtoBtoC ビートゥービービートゥーシー	企業が、ほかの企業の商品やサービスを、一般消費者に向けて販売やサービスを提供する形態。 「Business to Business to Consumer」の略。	オンラインモール[*2]
CtoC シートゥーシー	個人と個人が取引を行う形態。 「Consumer to Consumer」の略。	インターネットオークション[*3]
GtoC ジートゥーシー	政府や自治体と個人が取引を行う形態。 「Government to Consumer」の略。	自治体の電子申請・届出システム
BtoE ビートゥーイー	企業と従業員が取引を行う形態。 「Business to Employee」の略。	従業員向け教育サービス 福利厚生サービス

[*1] インターネットを使った銀行取引のことをいいます。

[*2] インターネット上に電子商店が集まったサイトのことで、「電子商店街」ともいいます。

[*3] インターネットを使った競売のことをいいます。

業務の流れ

企業には、営業、製造、流通などのさまざまな部門があります。各部門が単独で業務を行うことは少なく、それぞれが連携して業務を行っていきます。それぞれの業務の中で書類やデータが作成、保存されます。そして、作成された書類やデータは、別の部門で使用されたり、参照されたりします。
ここでは、業務の流れとデータの活用について理解しましょう。

1 業務の流れ

企業には、さまざまな業務があります。営業部門では見積、契約、納品、請求などの業務があります。製造部門では、設計、部品調達、製造、検品などの業務があります。それぞれの業務は単独で完了する場合もありますが、多くは関連して完了することになります。さらに部門間で業務が引き継がれることもあります。

■図1.1 営業部門の業務の流れ

■図1.2 製造部門の業務の流れ

2 業務データの流れ

以前は、業務で使用する書類は各部門で作成され、紙のデータとして次の部門に引き継がれていました。たとえば、営業担当が見積書を手書きで記入して顧客に提出します。見積内容が顧客に承認されると、顧客から発注（注文）があります。見積内容に応じて製造部門に製造を依頼しますが、この依頼書も手書きで行われていました。

このように、すべての書類が手書きで作成され、毎回、顧客の情報や商品の情報などを記入していました。手書きのため、記入漏れや商品番号などの記入間違いが発生し、納品時にトラブルになることもありました。

現在では、見積時に登録したデジタルデータをもとに、見積書や契約書、納品書などが作成されるため、入力の手間やミスが削減されています。

業務で使用するデータの流れは、昔も今も変わりませんが、デジタルデータで処理されるようになり、格段に効率がアップしています。

■図1.3 営業部門における業務データの流れ

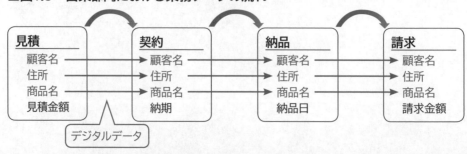

STEP 3 取引で使用する書類

取引の過程において、依頼内容と納品された商品やサービスに相違があるとトラブルになるため、通常は書面で内容を確認して取引を進めます。

取引で使用する主な書類には、「見積書」「発注書」「注文請書」「納品書」「請求書」などがあります。

ここでは、書類の流れ、書類の役割、書類に必要な記載項目について確認しましょう。

1 書類の流れ

取引で使用される書類は、業務によって、次のような流れで作成、使用されます。

■図1.4 商品売買取引の場合

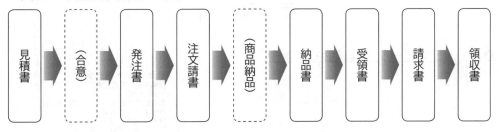

見積書 → （合意） → 発注書 → 注文請書 → （商品納品） → 納品書 → 受領書 → 請求書 → 領収書

■図1.5 製造取引の場合

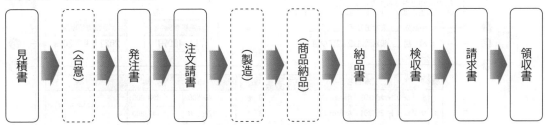

見積書 → （合意） → 発注書 → 注文請書 → （製造） → （商品納品） → 納品書 → 検収書 → 請求書 → 領収書

通常、書類は上の図のような順番でやり取りされる場合が多いですが、発注書と一緒に返信用の注文請書を受け取ったり、「納品書 兼 受領書」「納品書 兼 検収書」といったように、複数の書類がセットになっていたりすることもあります。

また、取引によっては、省略されたり、別の書類で代用されたりする書類もあります。

たとえば、最近の取引では、代金の支払いを銀行振込で行うことがほとんどです。そのため、領収書を発行せずに、銀行が発行する振込控を領収書代わりに使用することもあります。

2　見積書

見積書は、取引先からの依頼内容にあわせて、商品やサービスの費用、納期などを記載した書類のことです。

企業では、複数のパターンの条件や複数の別の企業に見積書を依頼して、比較検討を行うことが一般的です。見積書を受け取った側は見積書の内容を検討して、発注を決定します。

見積書の例を、図1.6に示します。

■図1.6　見積書の例

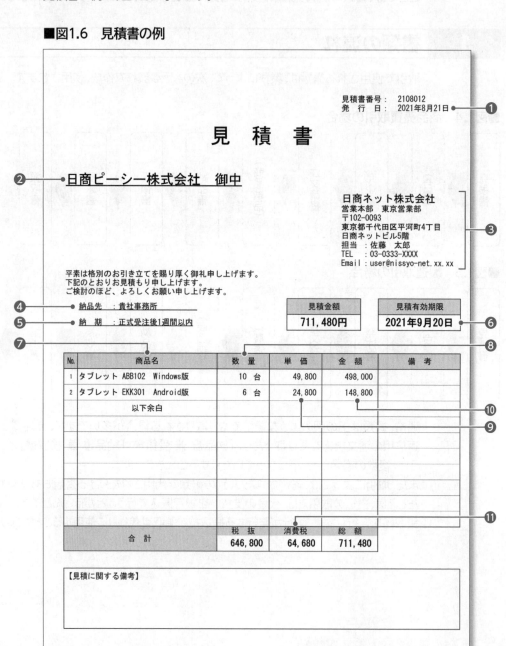

見積書に必要な項目には、次のようなものがあります。

❶ 発行日
見積書を発行または相手に提出する日付を記載します。

❷ 宛先
見積書を発行する宛先を記載します。敬称は、企業などの団体名の場合には「御中」、個人名の場合には「様」を使います。企業の担当者宛とする場合は「○○○会社　○○様」とします。

❸ 発行元
見積書を発行する会社名、担当部署、担当者を記載します。また、問い合わせを受けられるように電話番号やメールアドレスも記載します。

❹ 納品先
商品によっては、宛先とは別の場所に納品する場合があります。送料や納期などに影響するので、納品先を確認して記載します。

❺ 納期
材料の調達や製造、加工などがある場合、納期を記載します。「納期○○年○月○日」と日付を指定する場合と「正式受注後1週間以内」と期間を指定する場合があります。

❻ 見積有効期限
見積書の有効期限を記載します。「見積有効期限○○年○月○日」と日付を指定する場合と「見積書発行日から1か月間」と期間を指定する場合があります。

❼ 商品名（サービス名）
商品名を省略せずに正式名称で記載します。サイズや色などが複数ある場合は必ず記載します。

❽ 数量
商品の数量を記載します。単位も記載します。単位には「個」「箱」「ケース」などがあります。サービスの提供など数量として表せない場合は「一式」と記載します。

❾ 単価
単位当たりの価格を記載します。

❿ 金額
数量と単価を掛けた金額を記載します。

⓫ 消費税
課税対象の商品の場合、消費税額を記載します。

3 発注書

見積書の提案を受け、内容に合意した場合、商品やサービスを導入する側では発注書を発行して、商品やサービスを発注します。発注書は「注文書」ともいいます。

発注書を受け取った側は見積内容と相違ないかを確認します。発注書の内容に問題がなければ、発注書に基づき、製造やサービスの構築など、納品に向けて準備作業を開始します。

発注書の例を、図1.7に示します。

■図1.7 発注書の例

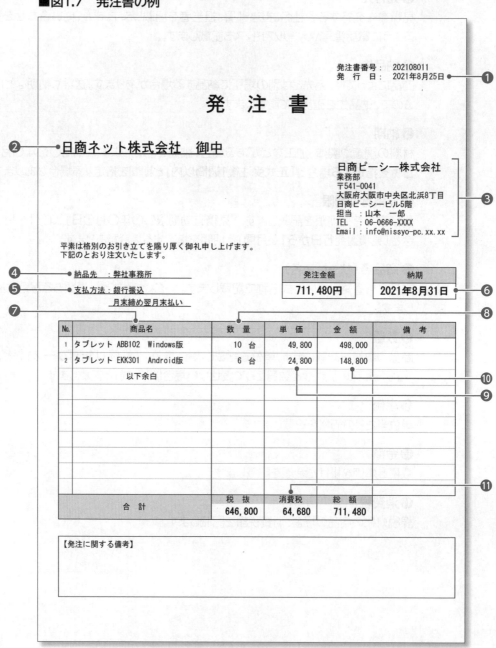

発注書に必要な項目には、次のようなものがあります。

❶ 発行日
発注書を発行または相手に提出する日付を記載します。

❷ 宛先
発注書を発行する宛先を記載します。見積書に記載されている発行元が宛先になります。

❸ 発行元
発注書を発行する会社名、担当部署、担当者を記載します。また、問い合わせを受けられるように電話番号やメールアドレスも記載します。

❹ 納品先
希望する納品場所を記載します。

❺ 支払方法
現金、クレジットカード、銀行振込などの支払方法や支払予定日を記載します。

❻ 納期
材料の調達や製造、加工などがある場合、納期を記載します。

❼ 商品名（サービス名）
商品名を省略せずに正式名称で記載します。サイズや色などが複数ある場合は必ず記載します。

❽ 数量
商品の数量を記載します。単位も記載します。単位には「個」「箱」「ケース」などがあります。サービスの提供など数量として表せない場合は「一式」と記載します。

❾ 単価
単位当たりの価格を記載します。

❿ 金額
数量と単価を掛けた金額を記載します。

⓫ 消費税
課税対象の商品の場合、消費税額を記載します。

第1章

第2章

第3章

第4章

第5章

第6章

模擬試験

付録

索引

4 注文請書

発注書の発行を受け、注文を受け付けたことを発注者に回答するために注文請書を発行します。注文請書を受け取った側は、発注内容と相違ないかを確認します。
注文請書の例を、図1.8に示します。

■図1.8 注文請書の例

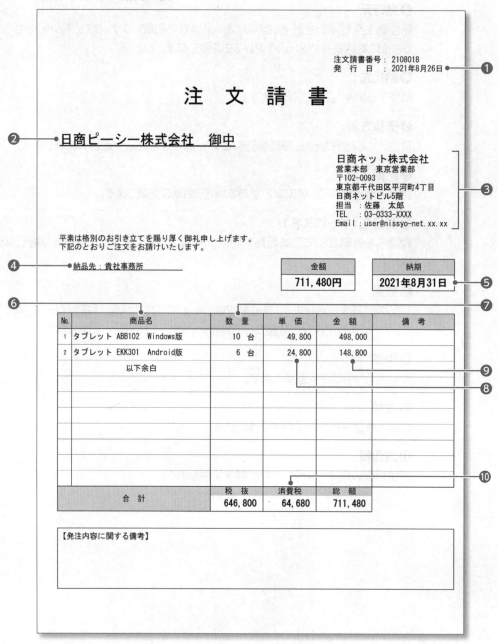

注文請書に必要な項目には、次のようなものがあります。

❶ 発行日
注文請書を発行または相手に提出する日付を記載します。

❷ 宛先
注文請書を発行する宛先を記載します。発注書に記載されている発行元が宛先になります。

❸ 発行元
注文請書を発行する会社名、担当部署、担当者を記載します。また、問い合わせを受けられるように電話番号やメールアドレスも記載します。

❹ 納品先
発注書に記載された納品先を記載します。

❺ 納期
発注書に記載された納期を確認し、正式な納品日を記載します。

❻ 商品名（サービス名）
商品名を省略せずに正式名称で記載します。サイズや色などが複数ある場合は必ず記載します。

❼ 数量
商品の数量を記載します。単位も記載します。単位には「個」「箱」「ケース」などがあります。サービスの提供など数量として表せない場合は「一式」と記載します。

❽ 単価
単位当たりの価格を記載します。

❾ 金額
数量と単価を掛けた金額を記載します。

❿ 消費税
課税対象の商品の場合、消費税額を記載します。

第1章

第2章

第3章

第4章

第5章

第6章

模擬試験

付録

索引

5 納品書

発注書の内容に基づいて商品やサービスを取引先に納品するときに、納品内容を記載した納品書を発行します。商品を納品された側は、発注内容と相違ないかを納品書で確認します。

納品書の例を、図1.9に示します。

■図1.9 納品書の例

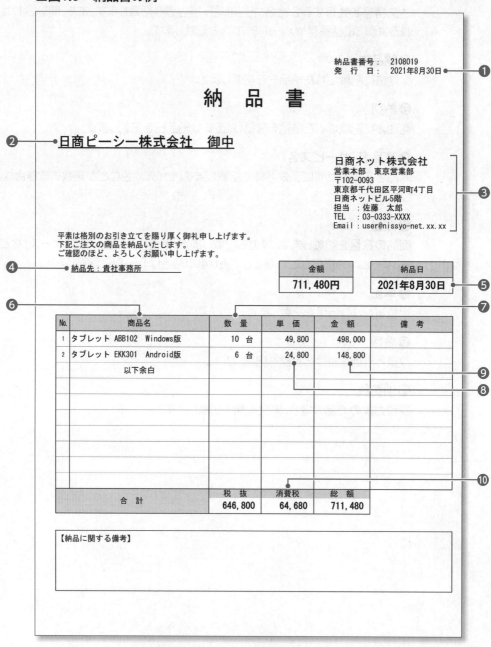

納品書番号： 2108019
発 行 日 ： 2021年8月30日 — ①

納 品 書

② — 日商ピーシー株式会社　御中

③ —
日商ネット株式会社
営業本部　東京営業部
〒102-0093
東京都千代田区平河町4丁目
日商ネットビル5階
担当 ：佐藤　太郎
TEL ： 03-0333-XXXX
Email ： user@nissyo-net.xx.xx

平素は格別のお引き立てを賜り厚く御礼申し上げます。
下記ご注文の商品を納品いたします。
ご確認のほど、よろしくお願い申し上げます。

④ — 納品先：貴社事務所

金額	納品日
711,480円	2021年8月30日 — ⑤

⑥　　　　　　　　　　　⑦

No.	商品名	数 量	単 価	金 額	備 考
1	タブレット ABB102　Windows版	10 台	49,800	498,000	
2	タブレット EKK301　Android版	6 台	24,800	148,800	
	以下余白				
合 計		税 抜 646,800	消費税 64,680	総 額 711,480	

⑨
⑧
⑩

【納品に関する備考】

納品書に必要な項目には、次のようなものがあります。

❶ 発行日
納品書を発行または相手に提出する日付を記載します。

❷ 宛先
納品書を発行する宛先を記載します。発注書に記載されている発行元が宛先になります。

❸ 発行元
納品書を発行する会社名、担当部署、担当者を記載します。また、問い合わせを受けられるように電話番号やメールアドレスも記載します。

❹ 納品先
納品する場所を記載します。

❺ 納品日
納品する日付を記載します。

❻ 商品名（サービス名）
商品名を省略せずに正式名称で記載します。サイズや色などが複数ある場合は必ず記載します。

❼ 数量
商品の数量を記載します。単位も記載します。単位には「個」「箱」「ケース」などがあります。サービスの提供など数量として表せない場合は「一式」と記載します。

❽ 単価
単位当たりの価格を記載します。

❾ 金額
数量と単価を掛けた金額を記載します。

❿ 消費税
課税対象の商品の場合、消費税額を記載します。

第1章

第2章

第3章

第4章

第5章

第6章

模擬試験

付録

索引

6　検収書

納品された商品やサービスが発注内容と相違ないかを確認して、問題がなければ検収書を発行します。

検収書の例を、図1.10に示します。

■図1.10　検収書の例

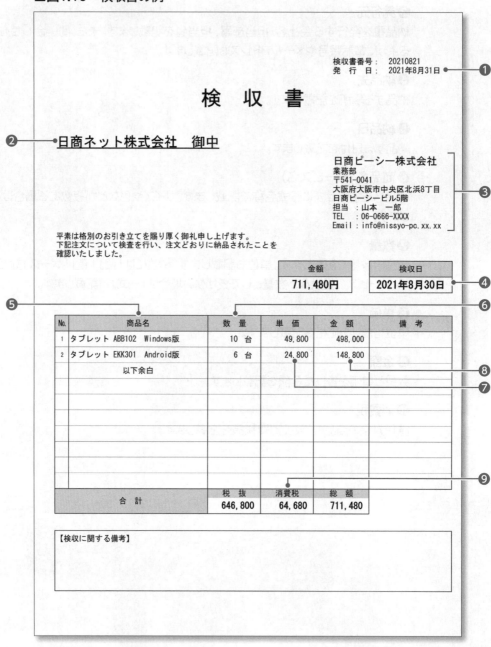

| 検収書番号： | 20210821 | ❶ |
| 発　行　日： | 2021年8月31日 | |

検　収　書

❷ **日商ネット株式会社　御中**

日商ピーシー株式会社
業務部
〒541-0041
大阪府大阪市中央区北浜8丁目
日商ピーシービル5階
担当　：山本　一郎
TEL　：06-0666-XXXX
Email：info@nissyo-pc.xx.xx
❸

平素は格別のお引き立てを賜り厚く御礼申し上げます。
下記注文について検査を行い、注文どおりに納品されたことを
確認いたしました。

金額	検収日
711,480円	2021年8月30日 ❹

❺　　　　　　　　　　　　　　❻

No.	商品名	数　量	単　価	金　額	備　考
1	タブレット ABB102　Windows版	10　台	49,800	498,000	
2	タブレット EKK301　Android版	6　台	24,800	148,800	
	以下余白				
	合　計	税　抜	消費税	総　額	
		646,800	64,680	711,480	

❽
❼
❾

【検収に関する備考】

検収書に必要な項目には、次のようなものがあります。

❶発行日
検収書を発行または相手に提出する日付を記載します。

❷宛先
検収書を発行する宛先を記載します。納品書に記載されている発行元が宛先になります。

❸発行元
検収書を発行する会社名、担当部署、担当者を記載します。また、問い合わせを受けられるように電話番号やメールアドレスも記載します。

❹検収日
検収した日付を記載します。

❺商品名（サービス名）
商品名を省略せずに正式名称で記載します。サイズや色などが複数ある場合は必ず記載します。

❻数量
商品の数量を記載します。単位も記載します。単位には「個」「箱」「ケース」などがあります。サービスの提供など数量として表せない場合は「一式」と記載します。

❼単価
単位当たりの価格を記載します。

❽金額
数量と単価を掛けた金額を記載します。

❾消費税
課税対象の商品の場合、消費税額を記載します。

第1章

第2章

第3章

第4章

第5章

第6章

模擬試験

付録

索引

7　請求書

商品やサービスが取引先に納品されたら、納品書に基づいて請求書を発行し、代金を請求します。請求書を受け取った側は、納品書の内容と相違ないかを確認し、代金を支払います。

請求書の例を、図1.11に示します。

■図1.11　請求書の例

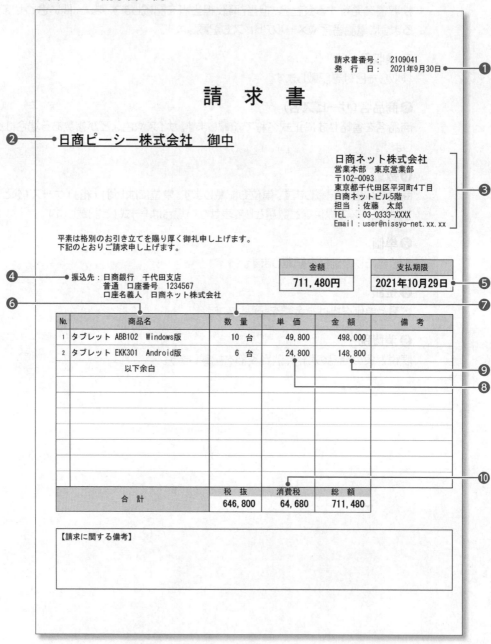

請求書に必要な項目には、次のようなものがあります。

❶ 発行日
請求書を発行または相手に提出する日付を記載します。

❷ 宛先
請求書を発行する宛先を記載します。宛先は、発注書の発行元とは限りません。企業によっては、経理部門宛に発行する場合などがあるので、取引先に確認します。

❸ 発行元
請求書を発行する会社名、担当部署、担当者を記載します。また、問い合わせを受けられるように電話番号やメールアドレスも記載します。

❹ 振込先
支払方法が銀行振込の場合は、振込先口座の情報を記載します。

❺ 支払期限
支払期限を記載します。「**支払期限〇〇年〇月〇日**」と日付を指定する場合と「**請求書発行日から2週間以内**」と期間を指定する場合があります。

❻ 商品名（サービス名）
商品名を省略せずに正式名称で記載します。サイズや色などが複数ある場合は必ず記載します。

❼ 数量
商品の数量を記載します。単位も記載します。単位には「**個**」「**箱**」「**ケース**」などがあります。サービスの提供など数量として表せない場合は「**一式**」と記載します。

❽ 単価
単位当たりの価格を記載します。

❾ 金額
数量と単価を掛けた金額を記載します。

❿ 消費税
課税対象の商品の場合、消費税額を記載します。

8　領収書

請求書に基づいて代金が支払われたら、受領した金額の領収書を発行します。銀行振込やクレジットカード決済の場合などは、領収書を発行せずに振込依頼書やクレジットカードの利用明細で代用する場合も増えています。

領収書の例を、図1.12に示します。

■図1.12　領収書の例

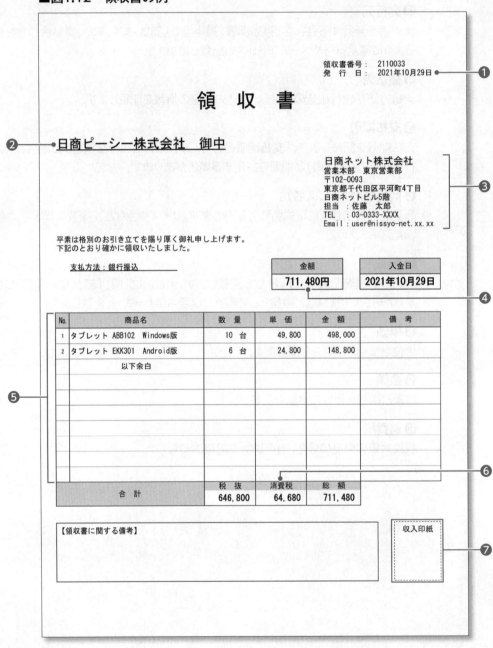

領収書に必要な項目には、次のようなものがあります。

❶発行日
領収書を発行または相手に提出する日付を記載します。

❷宛先
領収書を発行する宛先を記載します。

❸発行元
領収書を発行する会社名、担当部署、担当者を記載します。また、問い合わせを受けられるように電話番号やメールアドレスも記載します。

❹金額
受領した金額を記載します。

❺明細
商品名や数量などの明細を記載します。
明細がない領収書の場合は、何に対する支払いなのか「但し書き」を記載します。

❻消費税
課税対象の商品の場合、消費税額を記載します。

❼収入印紙
5万円以上の領収書には収入印紙が必要です。収入印紙には再利用を防ぐため消印[*1]を押します。

[*1] 消印は、領収書と収入印紙にまたがって印鑑を押します。印鑑の代わりにサインでもかまいません。

第1章

第2章

第3章

第4章

第5章

第6章

模擬試験

付録

索引

財務諸表

財務会計の業務では、「財務諸表」と呼ばれる書類を作成して、企業の財務状況を対外的に報告します。
ここでは、財務諸表の種類や役割について確認しましょう。

1 財務諸表とは

財務諸表とは、企業が株主や取引先、金融機関、公的機関などのステークホルダー[*1]に対して、一定期間の企業業績や財務状態を開示するために作成する書類のことです。「決算書」ともいいます。通常は1年間の実績で作成されますが、四半期ごとに作成する企業も増えています。上場企業[*2]では、四半期ごとに財務諸表の作成が義務付けられています。
財務諸表には、単一企業で作成するほかに、グループ企業単位で作成する「連結財務諸表」があります。
財務諸表には、「貸借対照表」「損益計算書」「キャッシュフロー計算書」が含まれます。上場企業では、財務諸表の内容を、公認会計士や監査法人により会計監査[*3]を受けることが法律で義務付けられています。

[*1] 企業や団体などで直接的、間接的に利害関係を有する者のことをいいます。日本語では「利害関係者」といいます。

[*2] 自社の株式が証券取引所で売買されるようになることを上場といい、上場された企業のことをいいます。

[*3] 企業から独立した組織が、決算について監査、承認を行うことをいいます。

2 貸借対照表

貸借対照表とは、企業のある一定時点の「資産」「負債」「純資産」の財務状態を表した帳票のことです。「バランスシート」ともいい、「B/S」と略されます。
資産とは企業の財産のことで、現金や売掛金[*1]、店舗や事務所などの建物、商品などが含まれます。負債とは企業の借金のことで、借入金や買掛金[*2]などが含まれます。また、純資産とは財産から借金を差し引いた残りになります。
貸借対照表は、図1.13のような表形式で表し、借方（左側）と貸方（右側）の金額が必ず一致します。

[*1] あとからまとめて支払ってもらう代金のことをいいます。

[*2] あとからまとめて支払う代金のことをいいます。

■図1.13 貸借対照表の例

(単位：千円)

借方   貸方

科目	金額	科目	金額
（資産の部）		（負債の部）	
現金	110,123	借入金	36,427
売掛金	118,847	買掛金	63,494
商品	226	負債の部合計	99,921
		（純資産の部）	
		資本金	67,000
		利益	62,275
		純資産の部合計	129,275
資産の部合計	229,196	負債・純資産の部合計	229,196

3　損益計算書

損益計算書とは、企業のある一定期間の「収益（利益）」や「費用（損失）」の状態を表した帳票のことです。「Profit ＆ Loss Statement」の略で「P/L」ともいいます。損益を示すことで、企業の経営成績を知ることができます。

収益には、受取利息のように営業活動といった本業以外で得る利益もありますが、通常は、売上から費用を差し引いたものを指します。主な収益には、表1.2のようなものがあります。

■表1.2　収益の種類

名称	説明
売上総利益	売上高から売上原価を引いたもの。「粗利益」ともいう。
営業利益	売上総利益から人件費や家賃など経費を差し引いた利益のこと。
経常利益	営業利益に本業以外の収益を含めた利益のこと。
税引前当期純利益	経常利益に退職金などの特別な理由の収支を含めた利益のこと。
当期純利益	税引前当期純利益から税金を支払った残りの利益のこと。

また、費用は企業が経営活動を行うにあたって支払う金銭のことです。主な費用には、表1.3のようなものがあります。原材料費など売上に比例して増減する費用を「変動費」、人件費や賃借料など決まって必要となる費用を「固定費」といいます。

■表1.3　費用の種類

名称	説明
売上原価	商品を仕入れるとき、あるいは製造するときにかかる費用のこと。
販売費	営業や販売業務などで商品の販売にかかる費用のこと。
一般管理費	一般管理業務で商品の製造や販売にかかる費用のこと。
支払利息	銀行などからお金を借りたときに支払う利息のこと。

■図1.14　損益計算書の例

	（単位：千円）
売上高[1]	120,000
売上原価	70,000
売上総利益	**50,000**
販売費および一般管理費	12,000
営業利益	**38,000**
営業外収益	7,000
営業外費用	10,000
経常利益	**35,000**
特別利益	3,000
特別損失	4,000
税引前当期純利益	**34,000**
法人税、住民税および事業税額	12,000
当期純利益	**22,000**

[1] 商品を販売して得られた代金の総額を指すが、損益計算書においては会社の事業規模を表します。

4 キャッシュフロー計算書

キャッシュフロー計算書とは、企業のある一定期間のキャッシュの増減を表した帳票のことで、「C/S」とも略されます。キャッシュとは、現金および現金同等物の資金のことです。キャッシュフロー計算書を作成することで、資金の流れを明確にすることができます。

キャッシュの増減は、表1.4で示す3つに分類して表されます。

■表1.4 キャッシュの増減の種類

名称	説明
営業キャッシュフロー	本業でどのくらいキャッシュが増えるかを表す。
投資キャッシュフロー	固定資産の購入や売却などを表す。
財務キャッシュフロー	キャッシュの不足をどのように補ったかを表す。

■図1.15 キャッシュフロー計算書の例

1. 営業活動によるキャッシュフロー	（単位：百万円）
税引前当期純利益	211
減価償却費	120
売上債権の増加	−110
棚卸資産の増加	−150
仕入債務の増加	40
法人税の支払	−2
営業活動によるキャッシュフロー（計）	109
2. 投資活動によるキャッシュフロー	
固定資産の売却	90
投資活動によるキャッシュフロー（計）	90
3. 財務活動によるキャッシュフロー	
借入金・社債の増加	20
配当金支払	−2
財務活動によるキャッシュフロー（計）	18

第1章

第2章

第3章

第4章

第5章

第6章

模擬試験

付録

索引

5 　総勘定元帳

総勘定元帳は財務諸表ではありませんが、会計において大変重要な書類のひとつです。
貸借対照表や損益計算書は、総勘定元帳から作成されます。
総勘定元帳とは、複式簿記[*1]において、「**仕訳帳**」[*2]から勘定科目ごとにすべての取引を
転記した帳簿のことです。
勘定科目の区分は、表1.5に示すとおりです。

[*1] 取引の原因と結果を同時に会計帳簿に記帳する方法のことです。

[*2] ひとつの取引について「借方」と「貸方」の勘定科目に分けて、双方の金額が一致するように記録した
　　 帳簿のことです。日付順にすべての取引が記録されます。

■表1.5 　勘定科目

区分	内容
資産	企業が持っている財産のこと。
負債	企業が負っている債務のこと。
純資産	資産から負債を引いたもの。
収益	売上などの収入のこと。
費用	収益を上げるために使われたもの。

■図1.16 　仕訳帳と総勘定元帳の例

仕訳帳

借方　　　　　　　　　　　　　　　　　　　　　　　　　貸方

科目	金額	科目	金額
仕入	30,000	現金	30,000

商品30,000円を仕入れ、現金で支払った

総勘定元帳

現金

科目	金額	科目	金額
		仕入	30,000

現金勘定へ転記

仕入

科目	金額	科目	金額
現金	30,000		

仕入勘定へ転記

STEP 5 確認問題

知識科目

■ **問題 1** 取引の種類で、企業と企業が行う取引を、次の中から選びなさい。

1 BtoC
2 BtoB
3 GtoB

■ **問題 2** 企業間の取引で、あとで代金を受け取る条件で商品を販売する場合、この代金の呼び名を、次の中から選びなさい。

1 売掛金
2 買掛金
3 未払金

■ **問題 3** 見積書の内容で、主な記載項目を、次の中から選びなさい。

1 支払方法
2 検収日
3 見積有効期限

■ **問題 4** 企業のある一定時点の「**資産**」「**負債**」「**純資産**」の財務状態を表した帳票の呼び名を、次の中から選びなさい。

1 貸借対照表
2 損益計算書
3 総勘定元帳

■ **問題 5** 財務諸表に含まれない書類を、次の中から選びなさい。

1 総勘定元帳
2 貸借対照表
3 損益計算書

■ **問題 6** 人件費や賃借料のように、決まって必要となる費用の呼び名を、次の中から選びなさい。

1 変動費
2 固定費
3 経常利益

Chapter 2

第2章
業務に応じた計算・集計処理

基本的な計算処理

基本的な計算処理には、小学校で学習するような四則演算から、関数を使用した高度な計算処理までが含まれ、データ活用において最も基本となるものです。入力されたデータを目的に応じて加工し、分析するための第一歩といえます。

1 四則演算を使った計算処理

四則演算には、簡単に暗算できるようなものもあります。しかし、表計算ソフトにおいて計算結果だけを入力すると、訂正や追加があったときに、再度、新しい計算結果を入力しなければなりません。このような場合、計算式を入力しておくと、計算対象の値が変更になっても直ちに再計算処理が行われ、正しい計算結果が表示されます。
計算式をしっかり組み立てられるように、基礎から確認しましょう。

❶ 四則演算の種類

四則演算とは、「足し算」「引き算」「掛け算」「割り算」の4つの基本的な計算処理です。業務でも必ず使用する計算処理です。

● 足し算

足し算は「1足す2は3」のように、複数の数値を足し合わせる計算処理です。
計算式は「1+2=3」のように表現します。足し算は「加算」ともいいます。

● 引き算

引き算は「3引く1は2」のように、2つの数値の差分を求める計算処理です。
計算式は「3−1=2」のように表現します。引き算は「減算」ともいいます。

● 掛け算

掛け算は「2掛ける3は6」のように、一方の数値を他方の数値分だけ繰り返し足し算を行う計算処理です。

```
  2  +  2  +  2  =  6   ◀━━ 答えは6
 1回    2回    3回
```

計算式は「2×3=6」のように表現します。表計算ソフトでは「×」の代わりに「＊（アスタリスク）」を使用します。掛け算は「乗算」ともいいます。

● 割り算

割り算は「6割る2は3」のように、一方の数値から他方の数値の引き算を行い、結果が0になるまで引き算を行った回数を求める計算処理です。

```
  6  −  2  =  4    1回
  4  −  2  =  2    2回
  2  −  2  =  0    3回   ◀━━ 答えは3
```

計算式は「6÷2＝3」のように表現します。表計算ソフトでは「÷」の代わりに「／（スラッシュ）」を使用します。割り算は「除算」ともいいます。

計算結果が0にならない場合は「余り」が発生します。「7割る2」を計算してみます。

```
7 － 2 ＝ 5    1回
5 － 2 ＝ 3    2回
3 － 2 ＝ 1    3回 ◄── 答えは3余り1
              余り
```

② 四則演算の計算順序

四則演算では、4種類の演算が混在した計算を行うことができます。そのときの計算順序は掛け算、割り算を先に行い、次に足し算、引き算を行います。同じ順序の演算では、計算式の左側から順番に計算を行います。

また、計算の順序を指定する場合は、「（　）（丸カッコ）」を使用します。たとえば、「(3+1)×2」の場合は、3+1を先に計算して、その計算結果に2を掛けます。

●カッコがある場合

```
(3 ＋ 1) × 2
```
➡
```
4 × 2 ＝ 8
```

●カッコがない場合

```
3 ＋ 1 × 2
```
➡
```
3 ＋ 2 ＝ 5
```

計算順序はカッコによって指定できますが、指定を間違うと全く違う結果になります。よく確認してカッコを使用します。

③ 合計

「合計」とは、2つ以上の数値をすべて足し算する計算処理です。「売上合計を求める」などのように使われます。表計算ソフトでは「SUM関数」を使用して合計を計算することもできます。

■図2.1　合計の例

LED電球	8,900
単3乾電池	1,340
電源コード	4,200
USBケーブル	1,080
SDカード	2,490
合計	18,010

商品ごとの金額を足して合計を求める

第1章
第2章
第3章
第4章
第5章
第6章
模擬試験
付録
索引

④ 概算

「概算」とは、概数（おおよその数）を使って計算することです。数値の桁数が多くなると、暗算や紙面上で計算する場合、時間がかかることがあります。そのような場合、厳密な数値ではなく、傾向がわかればよいのであれば、概数を使って計算します。

たとえば、「概算予算」などのように使用されます。予算では、もともと厳密な数値が確定しているわけではないので、千円単位あるいは万円単位で計算します。

```
354,867  +  857,332  =  1,212,199
```

概数を使用すると

```
355,000  +  857,000  =  1,212,000
```

上の例では、千円単位の概数を使用して計算しています。数値を概数にすることを「丸める」ともいいます。計算結果に違いが生じますが、その違いが許容範囲内であれば問題はありません。丸める桁数を大きくすると、計算も速く、結果も見やすくなりますが、計算結果の差も大きくなります。使用目的に応じて概数を適切に設定することが大切です。

概数で計算あるいは表示するときには、丸めた単位を必ず明示するようにします。第1章で解説した財務諸表なども円単位で表示せず、概算で表示することがあります。上場企業などは売上金額が大きく、円単位まで表示するよりも数値の傾向を把握しやすくなります。

図2.2は、ある上場企業の業績発表資料です。売上高などの桁数が大きいので百万円単位で概算表示しています。

■図2.2　概算表示の例

単位：百万円

	2021年度	2020年度	増加率
売上高	9,616,202	9,041,071	6%
営業利益	532,811	422,028	26%
税引前当期純利益	568,182	344,537	65%
非支配持分控除前当期純利益	364,030	237,721	53%
当社株主に帰属する当期純利益	264,975	175,326	51%

⑤ 累計

「累計」とは、2つ以上の要素を順に足し算して合計を求める計算処理です。

たとえば、図2.3のように、年度ごとの売上累計を求めます。

2018年度の累計は、2018年度だけなので「2,890」です。2019年度の累計は、2018年度の累計「2,890」と2019年度「3,120」の合計で「6,010」です。このように、順に小計を足し算して累計を求めます。最後の2021年度の累計は4年間の合計と一致します。累計は「ABC分析」などで使用します。

※ABC分析については、P.62で解説します。

	小計	累計	
2018年度	2,890	2,890	← 2018年度
2019年度	3,120	6,010	← 2018年度+2019年度
2020年度	3,250	9,260	← 2018年度+2019年度+2020年度
2021年度	3,470	12,730	← 2018年度+2019年度+2020年度+2021年度

2 関数を使った計算処理

表計算ソフトには、よく使われる計算処理が「関数」として用意されています。関数を使用すると、複雑な計算処理を簡単に指示することができます。

表計算ソフトでは、次のような構造で関数を表します。

関数名(引数1, 引数2, ・・・)

引数は「パラメーター」とも呼ばれ、計算対象の範囲や計算するときの条件などを指定します。引数に設定する条件や引数の数は、関数によって異なります。

❶ 合計(SUM関数)

合計を求める関数を「SUM関数」といいます。

SUM関数の引数には、合計する数値、数値が入力されている対象のセル、セル範囲などのデータ範囲を指定します。

SUM関数(データ範囲)

例:

SUM関数(120, 352, 332, 198, 201)
SUM関数(D4:D30)
SUM関数(A3, D4:D30, E8:E13)

※引数の「:(コロン)」は連続したセル、「,(カンマ)」は離れたセルを表します。

❷ 平均(AVERAGE関数)

平均は、合計をデータの個数で割り算したものです。平均を求める関数を「AVERAGE関数」といいます。

AVERAGE関数の引数には、個々の数値を指定することやセル範囲を指定することができます。

AVERAGE関数(データ範囲)

例:

AVERAGE関数(87, 74, 59, 98, 65)
AVERAGE関数(D4:D30)

❸ 最大値（MAX関数）

最大値は、複数のデータの中で最も値の大きなデータのことです。最大値を求める関数を「MAX関数」といいます。

MAX関数の引数には、個々の数値を指定することやセル範囲を指定することができます。

> MAX関数（データ範囲）

例：

> MAX関数（87, 74, 59, 98, 65）
> MAX関数（D4：D30）

❹ 最小値（MIN関数）

最小値は、複数のデータの中で最も値の小さなデータのことです。最小値を求める関数を「MIN関数」といいます。

MIN関数の引数には、個々の数値を指定することやセル範囲を指定することができます。

> MIN関数（データ範囲）

例：

> MIN関数（87, 74, 59, 98, 65）
> MIN関数（D4：D30）

❺ 端数処理（ROUND・ROUNDDOWN・ROUNDUP関数、INT関数）

端数処理は「**丸め処理**」とも呼ばれ、数値のある位以下を端数として0に置き換える処理のことです。端数処理には、「**切り捨て**」「**切り上げ**」「**四捨五入**」という方法があります。
切り捨ては、端数の数値をなくして0に置き換えます。切り上げは、端数のひとつ上の位の数値に1を足して、端数を0に置き換えます。四捨五入は、端数が4以下の場合は切り捨てを行い、5以上の場合は切り上げを行います。

例：354を一の位で端数処理

切り捨て	350	◀── 一の位を0に置き換える
切り上げ	360	◀── 十の位の数値に1を足して、一の位を0に置き換える
四捨五入	350	◀── 一の位が4なので、切り捨てて0に置き換える

端数処理を行う関数には、「ROUND関数」「ROUNDDOWN関数」「ROUNDUP関数」があります。四捨五入を行う場合はROUND関数、切り捨てを行う場合はROUNDDOWN関数、切り上げを行う場合はROUNDUP関数を使用します。

●四捨五入

ROUND関数(数値, 桁数)

●切り捨て

ROUNDDOWN関数(数値, 桁数)

●切り上げ

ROUNDUP関数(数値, 桁数)

小数点第1位を端数処理して整数で表示する場合の桁数は「0」、小数点第2位を端数処理して小数点第1位まで表示する場合の桁数は「1」、一の位を端数処理して一の位を0に置き換える場合の桁数は「-1」になります。

例:

四捨五入　ROUND関数(354, −1)=350
切り捨て　ROUNDDOWN関数(354, −1)=350
切り上げ　ROUNDUP関数(354, −1)=360

また、ROUNDDOWN関数と同じような機能を持った関数に「INT関数」があります。INT関数は数値を整数に置き換えます。そのとき、元の数値よりも小さな整数に置き換えます。

INT関数(数値)

例:

正の値　INT関数(25.3)=25
負の値　INT関数(−38.3)=−39

使用するうえでの注意として、ROUNDDOWN関数とINT関数は、次のように負の値の計算結果に違いがあります。

例:

ROUNDDOWN関数(−38.3, 0)=−38
INT関数(−38.3)=−39

どちらも「−38.3」を小数点以下で丸めていますが、INT関数では元の数値よりも小さな整数に置き換えられるので「−38」とはならず「−39」になります。

第1章

第2章

第3章

第4章

第5章

第6章

模擬試験

付録

索引

⑥ 順位（RANK.EQ関数）

データ範囲の中で、対象の数値の順位を求める関数を「RANK.EQ関数」といいます。試験の成績の順位などを求めるときに使用します。順位は、成績を基準に表を並べ替えても確認できますが、関数を使用すると表の順序を変更せずに順位を確認できます。

RANK.EQ関数（数値, データ範囲, 順序）

順位の付け方には、大きい方から数える「降順」と小さい方から数える「昇順」があります。引数の順序は、表2.1で示すように指定します。
同じ順位が複数存在した場合は、図2.4で示すように、最上位の順位が表示されます。

■表2.1　順序の指定

指定方法	説明
0　または　省略	大きい方から（降順）
1　（0以外の数値）	小さい方から（昇順）

■図2.4　同じ順位が複数存在した場合の例（RANK.EQ関数）

氏名	得点	順位
山田太郎	90	2
岡田花子	80	4
福島一郎	100	1
松村祐二	90	2
来生武史	70	5

2位が2人いた場合、2人とも2位になる

関連する関数として、「RANK.AVG関数」があります。RANK.AVG関数は、同じ順位が複数存在した場合は、図2.5で示すように、平均の順位が表示されます。

■図2.5　同じ順位が複数存在した場合の例（RANK.AVG関数）

氏名	得点	順位
山田太郎	90	2.5
岡田花子	80	4
福島一郎	100	1
松村祐二	90	2.5
来生武史	70	5

2位が2人いた場合、2と3を平均して、2人とも2.5位になる

第1章

第2章

第3章

第4章

第5章

第6章

模擬試験

付録

索引

⑦ 条件判断（IF関数）

論理式の条件により異なる結果を求めるときに使用する関数を「IF関数」といいます。
論理式とは判断の基準となる計算式のことです。

> IF関数（論理式, 値が真の場合, 値が偽の場合）

論理式の条件が満たされる場合に「値が真の場合」の内容が表示されます。条件が満たされない場合は「値が偽の場合」の内容が表示されます。
論理式には、表2.2で示す「比較演算子」が使われます。「以上」「以下」「未満」など与えられた条件から比較演算子を選択します。

■表2.2　比較演算子

条件	比較演算子
より大きい	>
以上	>=
以下	<=
未満	<
等しい	=
等しくない	<>

また、値が真の場合、値が偽の場合の引数の指定には、次のようなものがあります。

例1：商品価格が5,000円以上であれば送料は無料、5,000円未満であれば送料は700
　　　円とする場合

> IF関数（商品価格>=5000, 0, 700）

送料が無料ということは、「無料」の文字を表示するのではなく、「0」円を指定します。

■図2.6　例1の論理式

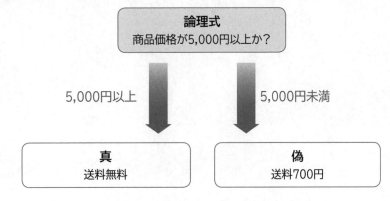

42

例2：テスト結果が70点未満であれば「**不合格**」、70点以上であれば「**合格**」と表示する
場合

```
IF関数(テスト結果<70,"不合格","合格")
```

文字列を表示する場合、文字列を「"（ダブルクォーテーション）」で囲みます。

■図2.7　例2の論理式

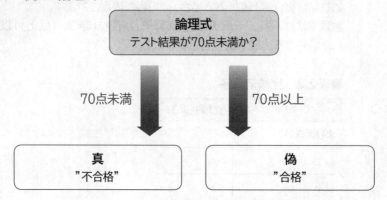

例3：進捗度が100%だったら「**達成**」、それ以外なら何も表示しない場合

```
IF関数(進捗度=100%,"達成","")
```

「""」のように、ダブルクォーテーションを2回続けて入力すると、何も表示しないことを表
します。

例4：セルD4が未入力であれば何も表示しない、未入力でなければ計算を実行する場合

```
IF関数(D4="","",D4/D10)
```

データが入力されていないセルを計算対象にするとエラーが表示されます。そのようなと
きにIF関数を使用してエラーが表示されないようにします。

⑧ 関数のネスト

関数は単独で使う以外に、複数の関数を使って計算することもできます。IF関数では、通常1つの条件で2つの処理を判断しますが、3つ以上の処理を判断したいときもあります。そのような場合は、値が真の場合や値が偽の場合の引数としてIF関数を指定します。
このように、関数の中に関数を入れることを「**関数のネスト（入れ子）**」といいます。
関数のネストでは、論理式が複雑になることが多いので、使用する場合は3つ程度にしておく方がよいでしょう。

例：商品価格が10,000円以上であれば送料無料、3,000円以上であれば送料は300円、3,000円未満であれば送料は700円とする場合（処理が3つある場合）

> IF関数（商品価格>=10000, 0, <u>IF関数（商品価格>=3000, 300, 700）</u>）

値が偽の場合の引数として、
IF関数の中にIF関数を使用

■図2.8 例の論理式

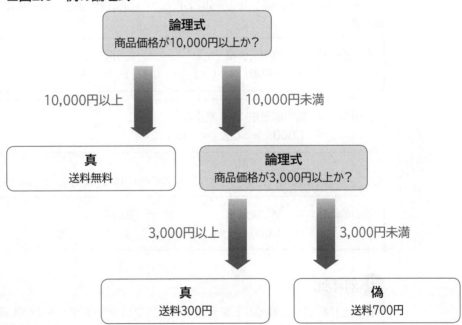

第1章
第2章
第3章
第4章
第5章
第6章
模擬試験
付録
索引

業務で使用する計算処理

数値を分析するときなどに使用される計算処理があります。商品を値引きするときの金額を求めたり、昨年の数値と比較したりする計算です。難しい関数などは使用しませんが、どの数値とどの数値を使って計算するのかを理解していないと、求められている結果と異なったものになります。
ここでは、よく使われる計算処理を確認しましょう。

1 業務でよく使われる計算処理

業務では、2つの数値を比較して数値の差や割合を求める計算処理を行います。業務でよく使われる計算処理を確認しましょう。

❶割引

商品の価格などを値引きするときに「割引」を使用します。
たとえば、1,000円の商品を3割引にしたときの割引後の価格と割引額は、次のように求めます。

```
割引後価格 ＝ 割引前価格 × ( 1 － 割引率 )
          ＝ 1,000 × ( 1 － 0.3 ) ＝ 700
```

```
割引額 ＝ 割引前価格 × 割引率
      ＝ 1,000 × 0.3 ＝ 300
```

また、2割引で1,600円になった商品の割引前の価格は、次のように求めます。

```
割引前価格 ＝ 割引後価格 ÷ ( 1 － 割引率 )
          ＝ 1,600 ÷ ( 1 － 0.2 ) ＝ 2,000
```

❷前年比

「前年比」は、会社の業績などを分析するときに、昨年の実績と今年の実績を比較する場合に使用します。今年の実績が昨年に対してどうだったかを割合で表します。「対前年比」「昨年対比」などと表現される場合もあります。
たとえば、昨年の実績が200万円、今年の実績が240万円であるときの前年比は、次のように求めます。

```
前年比 ＝ 今年の実績 ÷ 昨年の実績 × 100
       ＝ 240万 ÷ 200万 × 100 ＝ 120%
```

※表計算ソフトでパーセントスタイルの表示形式を設定する場合は、「×100」は省略します。

今年の実績が昨年より伸びている場合は、前年比は100%を超えます。今年の実績が昨年より伸びていない場合は、前年比は100%未満になります。

❸ 構成比

全体に対して占める各要素の割合のことを「**構成比**」といいます。構成比を使用することで、各要素間の関係がわかりやすく表現できます。構成比は、次のように求めます。

```
構成比 ＝ 要素の値 ÷ 全体の値 × 100
```

※表計算ソフトでパーセントスタイルの表示形式を設定する場合は、「×100」は省略します。

また、構成比は、それぞれの値を合計すると100%になります。

■図2.9 アンケート集計の構成比の例

	回答数（単位：人）	構成比（%）	
とてもよい	6	2	選択肢ごとの回答数÷回答数合計×100
よい	60	20	
どちらでもない	132	44	
あまりよくない	75	25	
よくない	27	9	
回答数合計	300	100	それぞれの値を合計すると100%になる

❹ 伸び率

ある時点の数値が評価時点までに、どの程度増えたかを表す比率を「**伸び率**」または「**増加率**」といいます。たとえば、会社の昨年の実績が今年どの程度増えたかを確認するためなどに使用します。

昨年の実績が400万円、今年の実績が450万円であるときの伸び率は、次のように求めます。

```
伸び率 ＝ （ 今年の実績 － 昨年の実績 ） ÷ 昨年の実績 × 100
       ＝ （ 450万 － 400万 ） ÷ 400万 × 100 ＝ 12.5%
```

※表計算ソフトでパーセントスタイルの表示形式を設定する場合は、「×100」は省略します。

また、カッコを開いて計算式を変形すると、伸び率は前年比から1を引いたものと同じ値になります。前年比と伸び率には、このような関係があります。

```
伸び率 ＝ （ 今年の実績 ÷ 昨年の実績 － 昨年の実績 ÷ 昨年の実績 ） × 100
       ＝ （ 今年の実績 ÷ 昨年の実績 － 1 ） × 100
                前年比
```

※表計算ソフトでパーセントスタイルの表示形式を設定する場合は、「×100」は省略します。

❺ 原価率

売上原価の売上高に対する割合を表す比率が「**原価率**」です。売上原価とは、仕入額の合計です。たとえば、80円で仕入れたボールペンを100円で販売した場合の原価率は、次のように求めます。

```
原価率 ＝ 売上原価 ÷ 売上高 × 100
       ＝ 80 ÷ 100 × 100 ＝ 80%
```

※表計算ソフトでパーセントスタイルの表示形式を設定する場合は、「×100」は省略します。

⑥ 利益率

売上利益の売上高に対する割合を表す比率が「**利益率**」です。売上利益とは、売上高から売上原価を除いた金額です。たとえば、80円で仕入れたボールペンを100円で販売した場合の利益率は、次のように求めます。

```
利益率 ＝ 売上利益 ÷ 売上高 × 100
       ＝ ( 売上高 － 売上原価 ) ÷ 売上高 × 100
              売上利益
       ＝ ( 100 － 80 ) ÷ 100 × 100 ＝ 20%
```

※表計算ソフトでパーセントスタイルの表示形式を設定する場合は、「×100」は省略します。

⑦ 達成率

売上の目標額や予算に対する売上金額の割合を表す比率が「**達成率**」です。たとえば、売上の目標額が1,500万円で売上金額が1,200万円である場合の達成率は、次のように求めます。

```
達成率 ＝ 売上金額 ÷ 目標額 × 100
       ＝ 1,200万 ÷ 1,500万 × 100 ＝ 80%
```

※表計算ソフトでパーセントスタイルの表示形式を設定する場合は、「×100」は省略します。

⑧ 商品（単品）の粗利益

商品の売上高から売上原価を差し引いた額が「**粗利益**」です。単品の商品では、売上高は商品の「**売価**」、売上原価は「**仕入額**」になります。たとえば、3,800円で仕入れたUSBメモリーを4,980円で販売した場合の粗利益は、次のように求めます。

```
粗利益 ＝ 売価 － 仕入額
       ＝ 4,980 － 3,800 ＝ 1,180
```

⑨ 在庫数

期首[*1]の在庫数に期間の仕入数を加え、期間の販売数を差し引いた数値が「**在庫数**」です。たとえば、先月末の在庫が300個、今月の仕入数が250個、今月の販売数が350個である場合の今月末の在庫数は、次のように求めます。

```
在庫数 ＝ 先月末在庫 ＋ 今月仕入数 － 今月販売数
       ＝ 300 ＋ 250 － 350 ＝ 200
```

*1 ある期間の初めのことです。

業務で使用する集計処理

入力されたデータをいろいろな角度から分析するために、データをまとまった値にします。この処理のことを集計処理といいます。

集計には、支店ごとの売上合計を求めるような「単純集計」や、支店ごとの商品別売上合計を求めるような「クロス集計」があります。

データ活用では、集計処理は非常に重要な作業であり、データ分析の元となるデータを作成するために行います。

第1章

第2章

第3章

第4章

第5章

第6章

模擬試験

付録

索引

1　並べ替え

データを集計するときには、最初に並べ替えを行います。データを条件に合わせて並べ替えるには、並べ替える基準の項目と並べ替える順序を指定します。並べ替える基準の項目は、担当者や支店など指示された内容で決まります。並べ替える順序は、「昇順」または「降順」を指定します。昇順とは、小さいものから順に大きくなっていく並べ方です。降順とは、大きなものから順に小さくなっていく並べ方です。

●昇順の例

```
1、2、3、4、5、6・・・・・
あ、い、う、え、お、か・・・・・・ん
A、B、C、D、E、F、G・・・・・・Z
```

●降順の例

```
99、98、97、96、95、94、93・・・・・
ん、を、わ、ろ、れ、る、り、ら、よ、ゆ、や・・・・・・あ
Z、Y、X、W、V・・・・・A
```

通常、表計算ソフトでは、漢字を入力すると自動的にふりがなが登録され、漢字はそのふりがなをもとに並べ替えられます。

しかし、ふりがなが間違っていたり、うまく登録されていなかったりすると、思ったとおりに並べ替えられないことがあります。

そのような場合は、次の表のように、「よみがな」の列を作成しておくとよいでしょう。

また、並べ替えを実行する場合、データにない項目で並べ替えることはできないという点にも注意しましょう。次の表の場合、「よみがな」で並べ替えることはできますが、「年齢」の項目がないため、「年齢」では並べ替えることはできません。並べ替えができないということは、集計することもできません。並べ替えや集計の指示において、基準となる項目がない場合は、追加する必要があります。

入会日	氏名	よみがな	住所	勤務先	部署名
5/11	山田太郎	やまだたろう	埼玉県熊谷市	△株式会社	営業本部
5/20	朝居百合子	あさいゆりこ	千葉県千葉市	○商事	総務部
⋮	⋮	⋮	⋮	⋮	⋮

2　単純集計

集計とは、単なる合計とは異なり、条件ごとの合計を求めることです。ある支店の1か月の売上データがあるとします。1か月の売上は、合計（SUM関数）で求めることができます。しかし、1か月の担当者別の売上を求めようとすると、SUM関数では簡単に求めることができません。このように、あるひとつの項目をもとにデータを集計することを「**単純集計**」といいます。次のような表を使って、担当者別の売上を集計する過程を確認しましょう。

日にち	担当者	売上
2	山田	339,000
2	菊池	515,000
5	花岡	423,000
10	菊池	611,000
12	花岡	309,000
17	花岡	712,000

1 並べ替え

最初に、集計の基準にする項目を並べ替えます。今回は、担当者別の売上を集計するので、担当者ごとにデータが並ぶように並べ替えを行います。

日にち	担当者	売上
2	菊池	515,000
10	菊池	611,000
5	花岡	423,000
12	花岡	309,000
17	花岡	712,000
2	山田	339,000

2 集計

データを並べ替えたら、担当者ごとに売上を合計します。表計算ソフトには、表のデータをグループごとに集計する機能が用意されています。この機能を使うと、項目ごとの合計を求めたり、平均を求めたりすることが簡単に実行できます。

日にち	担当者	売上
2	菊池	515,000
10	菊池	611,000
	菊池　集計	1,126,000
5	花岡	423,000
12	花岡	309,000
17	花岡	712,000
	花岡　集計	1,444,000
2	山田	339,000
	山田　集計	339,000
	総計	2,909,000

担当者ごとの集計結果

全体の集計結果

これで担当者別の売上が集計できました。担当者ごとに集計結果が表示されます。集計のポイントは最初に集計する条件で並べ替えを行うことです。

第1章

第2章

第3章

第4章

第5章

第6章

模擬試験

付録

索引

3 クロス集計

「クロス集計」とは、単純集計とは異なり、2つ以上の項目をもとにデータを集計することです。縦軸と横軸に、異なる項目を設定して集計表を作成します。

■図2.10 クロス集計のイメージ

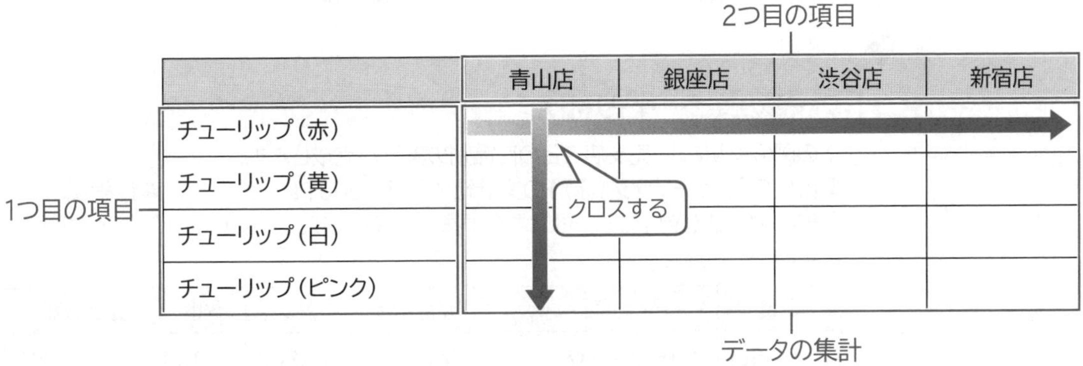

2つ目の項目

	青山店	銀座店	渋谷店	新宿店
チューリップ（赤）				
チューリップ（黄）				
チューリップ（白）				
チューリップ（ピンク）				

1つ目の項目

クロスする

データの集計

❶ 集計機能を使ったクロス集計

単純集計と同様に、クロス集計でも最初にデータを並べ替える必要があります。クロス集計では、複数の項目をもとに集計するので、並べ替えも集計の基準となる項目の数だけ条件を追加します。

次のようなデータを使って販売支店別・商品別の売上金額を集計し、集計結果を集計表にまとめる過程を確認しましょう。

■元データ

日付	商品	販売支店	単価	数量	売上金額
4月3日	チューリップ（赤）	渋谷店	15,800	32	505,600
4月12日	チューリップ（黄）	銀座店	45,000	5	225,000
4月12日	チューリップ（白）	新宿店	14,800	9	133,200
4月13日	チューリップ（ピンク）	青山店	14,000	10	140,000
4月18日	チューリップ（ピンク）	青山店	17,800	15	267,000
4月20日	チューリップ（白）	青山店	30,000	45	1,350,000

■集計表

	チューリップ（赤）	チューリップ（黄）	チューリップ（白）	チューリップ（ピンク）	総計
青山店					
銀座店					
渋谷店					
新宿店					
総計					

集計結果をまとめる

50

並べ替え

まず、並べ替えを行います。今回は販売支店別・商品別に集計するので、「販売支店」で並べ替え、「販売支店」が同じ場合は「商品」ごとに並べ替えます。

 集計

次に、集計機能で、商品を基準に売上金額を合計します。

3 データのコピー・貼り付け

下の図のように、販売支店ごとの商品別の集計が完成します。
青山店の「チューリップ（赤）」の集計結果「578,000」をコピーして、集計表の青山店「チューリップ（赤）」に貼り付けます。同様に、残りの商品を支店分コピーして貼り付けます。

日付	商品	販売支店	単価	数量	売上金額
5月5日	チューリップ（赤）	青山店	15,800	10	158,000
5月27日	チューリップ（赤）	青山店	35,000	12	420,000
	チューリップ（赤）集計				578,000
5月3日	チューリップ（黄）	青山店	16,800	15	252,000
	チューリップ（黄）集計				252,000
4月20日	チューリップ（白）	青山店	30,000	45	1,350,000
5月27日	チューリップ（白）	青山店	30,000	3	90,000
	チューリップ（白）集計				1,440,000
4月13日	チューリップ（ピンク）	青山店	14,000	10	140,000

	チューリップ（赤）	チューリップ（黄）	チューリップ（白）	チューリップ（ピンク）	総計
青山店	578,000	252,000	1,440,000	585,000	2,855,000
銀座店	510,400	225,000	356,000	480,000	1,571,400
渋谷店	680,600	766,000	0	0	1,446,600
新宿店	0	0	283,200	630,000	913,200
総計	1,769,000	1,243,000	2,079,200	1,695,000	6,786,200

このように集計結果を集計表にコピーし、貼り付けることで販売支店別・商品別の売上金額を集計することができます。今回の例では、データ件数が少なく、販売支店の数も限られていますが、データ件数が1,000件もあるようなデータだとしたらどうでしょうか。なかなか大変な作業になります。そのような場合は、次のピボットテーブルを使用するとよいでしょう。

❷ ピボットテーブルを使ったクロス集計

表計算ソフトには、クロス集計を行う便利な機能が用意されています。それが「ピボットテーブル」という機能です。この機能を使うと、基準になる項目を縦軸と横軸に設定し、集計したい項目と集計方法を指定するだけで、集計表が完成します。

ピボットテーブルは、簡単に設定できるため、データをさまざまな角度から分析するときに非常に便利です。基準となる項目を変更するだけで、別の角度からデータを集計することができます。

それでは、ピボットテーブルの使い方を見ていきましょう。実際の操作は「**第5章 STEP3 ピボットテーブルによる集計**」で行います。ここでは、ピボットテーブルを使ってどのように集計できるのか概要を理解しましょう。

1 集計するデータ範囲を選択

集計するデータ範囲を選択します。最終行に合計欄がある表は、合計欄を含めると正しく集計できない場合があるので、範囲に含めないようにします。

2 ピボットテーブルの実行

ピボットテーブル機能を実行します。

※ピボットテーブルでは、並べ替えの作業が不要です。

3 縦軸（行）に指定する項目を選択

項目名を縦軸に配置します。

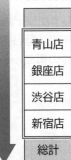

青山店
銀座店
渋谷店
新宿店
総計

―――「販売支店」を縦軸エリアにドラッグ

4 横軸（列）に指定する項目を選択

項目名を横軸に配置します。

「商品」を横軸エリアにドラッグ

	チューリップ（赤）	チューリップ（黄）	チューリップ（白）	チューリップ（ピンク）	総計
青山店					
銀座店					
渋谷店					
新宿店					
総計					

5 集計する項目を選択

集計する項目と集計方法を指定します。

	チューリップ（赤）	チューリップ（黄）	チューリップ（白）	チューリップ（ピンク）	総計
青山店	578,000	252,000	1,440,000	585,000	2,855,000
銀座店	510,400	225,000	356,000	480,000	1,571,400
渋谷店	680,600	766,000	0	0	1,446,600
新宿店	0	0	283,200	630,000	913,200
総計	1,769,000	1,243,000	2,079,200	1,695,000	6,786,200

「売上金額」を値エリアにドラッグ

集計された結果は、データの合計です。ピボットテーブルでは、データの合計だけでなく、平均やデータの個数、最大値、最小値なども集計できます。一度作成したピボットテーブルは、設定を変更するだけで、これらの集計方法を変更することができます。

さらに、縦軸と横軸の項目を入れ替えるだけで縦横が入れ替わった集計表を作成することができます。

また、複数の項目を指定することができるので、月ごとの販売支店別・商品別のような集計表を作成することもできます。

ピボットテーブルを使って集計表を作成するときには、次のような点に注意しましょう。

❶ どの項目とどの項目を対象に、何を集計するのかしっかり把握する

「担当者別商品別の販売数量の合計」のような場合、縦軸に「担当者」、横軸に「商品」、値に「販売数量」を指定します。作成する集計表のタイトルの構成から、しっかり必要な項目を把握しましょう。

また、集計表が事前に作成されているときは、集計表のレイアウトと同じレイアウトになるようにピボットテーブルを作成します。

❷ 範囲を指定するときに、合計欄まで含めないようにする

すでに全体の合計を求めて単純集計されている場合、集計行まで含めてしまうと正しく集計できない場合があります。

❸ 集計表に貼り付ける範囲、貼り付ける内容を確認する

ピボットテーブルで集計した結果を別の集計表にコピーする場合、集計表とピボットテーブルの項目の並び順が同じであるか確認します。並び順が異なる場合は、1件ずつ集計結果をコピーします。

また、ピボットテーブルの集計結果をコピーすると、罫線や書式を含むすべての情報がコピーされるので、集計表の罫線や書式などを崩さないように値だけを貼り付けます。

ピボットテーブルは、データ集計のための非常に強力なツールです。ぜひ活用できるようにマスターしましょう。

知識科目

第1章
第2章
第3章
第4章
第5章
第6章
模擬試験
付録
索引

■ 問題 1　2つ以上の要素を順に足して合計を求める計算処理を、次の中から選びなさい。

1　累計
2　合計
3　概算

■ 問題 2　テスト結果で最高点を求めるときに使用する関数を、次の中から選びなさい。

1　MIN関数
2　AVERAGE関数
3　MAX関数

■ 問題 3　請求書において、消費税の端数処理をするために使用する関数を、次の中から選びなさい。

1　ROUNDDOWN関数
2　AVERAGE関数
3　IF関数

■ 問題 4　テスト結果のデータから、70点以上を「**合格**」、70点未満は「**不合格**」と表示するために使用する関数を、次の中から選びなさい。

1　IF関数
2　MIN関数
3　RANK.EQ関数

■ 問題 5　今年の業績を分析するため、前年比を求める場合の計算式を、次の中から選びなさい。

1　前年比　＝　今年の実績　÷　昨年の実績　×　100
2　前年比　＝　昨年の実績　÷　今年の実績　×　100
3　前年比　＝　今年の実績　－　昨年の実績　×　100

■ 問題 6　商店において120円で仕入れたボールペンを150円で販売した場合の原価率を、次の中から選びなさい。

1　125%
2　80%
3　100%

■ **問題 7**　表計算ソフトの集計機能を使って、日付と担当者と売上が入力されたデータを担当者別に集計する場合、事前に行う処理を、次の中から選びなさい。

1　担当者を基準に並べ替える。

2　日付を基準に並べ替える。

3　売上を基準に並べ替える。

■ **問題 8**　在庫管理のデータにおいて、在庫数量の多い順に並べ替えるときの指定を、次の中から選びなさい。

1　累計

2　昇順

3　降順

■ **問題 9**　次のような項目の販売データがあります。実際に集計できるものを、次の中から選びなさい。

> 販売日、レジ担当者、商品名、単価、数量、販売金額、支払方法

1　レジ担当者別の数量の集計

2　仕入先別の販売金額の集計

3　販売時間別の数量の集計

■ **問題 10**　表計算ソフトにおいて、自動車の販売データをもとに、担当者ごとの車種別の販売台数を集計するときに使用する機能として適切なものを、次の中から選びなさい。

1　オートフィル

2　ピボットテーブル

3　IF関数

第3章
業務データの管理

業務データの分析

データは、収集しただけでは何もわかりません。業績が伸びているのか、どの商品の販売に注力すればよいのか、収集したデータを分析することで、経営判断に必要な情報を得ることができます。
ここでは、データ分析の基本について確認しましょう。

1　データ分析の流れ

データ分析を行うには、まず目的を明確にします。目的が曖昧では、結果が最適なものなのかを判断できません。また、分析手法によっては目的に合わない結果となる場合があります。そのために、データ分析では、「分析する目的」「分析手法の特性」「分析結果の判断」の3つの内容について理解が必要です。
データ活用3級では、分析結果の判断までは求められていません。分析する目的と分析手法の特性について理解しましょう。

データ分析の流れとしては、次のようになります。

1　**目的の理解**

　何が問題で、どのような分析資料が必要かを検討します。

2　**データの収集**

　分析するためのデータを収集します。必要であれば集計処理などを事前に行います。

3　**分析手法の検討**

　期待する結果に最適な分析手法を検討します。

4　**分析**

　検討した分析手法を使用して分析します。

第1章

第2章

第3章

第4章

第5章

第6章

模擬試験

付録

索引

2 データ分析手法の種類

データ分析では、グラフ化でデータを可視化したり、集計されたデータをさらに加工して傾向を表したりします。さまざまな分析手法を理解することで、目的に応じた分析手法を使うことができます。
代表的な分析手法を表3.1に示します。

■表3.1　データ分析手法の種類

種類	目的	例
グラフ化	データを可視化する。	売上高比較、人口推移、構成割合
ABC分析	重要度を可視化する。	売れ筋商品の分析、在庫管理、品質管理
Zチャート	成長性を可視化する。	季節変動のある商品などの売上分析

3 グラフ化

データ分析においては、データを可視化することが必要です。数値のままでは大小や傾向がなかなか見えてきません。そこで、データをグラフ化します。グラフ化することで、比較や傾向の把握が簡単にできます。
グラフには、「棒グラフ」「折れ線グラフ」「円グラフ」「散布図」「レーダーチャート」などがあります。さらに、複数の種類のグラフで構成された「複合グラフ」もあります。
グラフは目的に応じて使い分けます。目的と異なるグラフで可視化しても、必要な要素は見えてきません。グラフの種類が指示されている場合は問題ありませんが、「グラフを作成しなさい」とだけ指示されている場合は、どのような目的でグラフを作成するのか、どのグラフで作成するとその目的が達成できるのかをよく考えて作成しましょう。
主なグラフの種類を表3.2に示します。

■表3.2　グラフの種類

種類	目的	例
棒グラフ	数値を比較する。	売上高、輸出額
折れ線グラフ	推移を見る。	月別の売上推移
円グラフ	割合を見る。	商品構成
散布図	分布を見る。	学習時間と成績の相関関係
レーダーチャート	バランスを見る。	製品の性能比較

❶ 棒グラフ

棒グラフは、数値の比較に使用します。推移を見ることもできますが、本来は比較が目的です。棒グラフの種類には、「集合棒グラフ」や「積み上げ棒グラフ」があります。また、棒グラフの方向で「縦棒グラフ」と「横棒グラフ」があります。それぞれを組み合わせて「集合縦棒グラフ」「集合横棒グラフ」などといいます。

積み上げ棒グラフでは、項目ごとのデータの大きさと内訳を同時に視覚化します。

■図3.1　棒グラフの例

縦棒グラフ

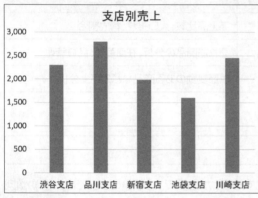

横棒グラフ

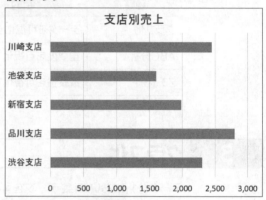

集合縦棒グラフ

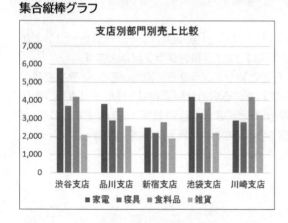

積み上げ縦棒グラフ

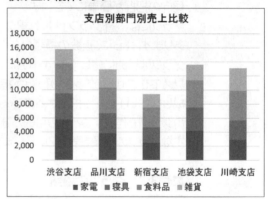

❷ 折れ線グラフ

折れ線グラフは、時系列での数値の推移を表します。折れ線グラフでは、線の色や種類で分類するため、要素の数が多くなると視認性が悪くなります。要素の数は、4つから5つ程度までがよいとされます。

■図3.2　折れ線グラフの例

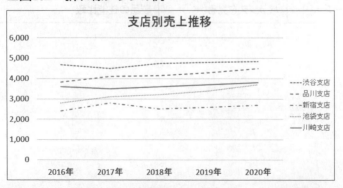

❸ 円グラフ

円グラフは、扇型に円を分割して割合を表します。要素は、通常大きい割合のものから順に上から右回りで配置します。表計算ソフトの機能で円グラフを作成するときは、事前に元のデータを降順で並べ替えます。特定の要素に注目するために、扇型を切り出して表示することもあります。

■図3.3　円グラフの例

円グラフ

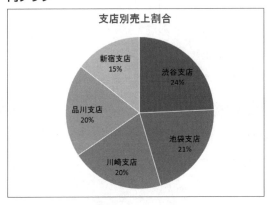

切り出し円グラフ

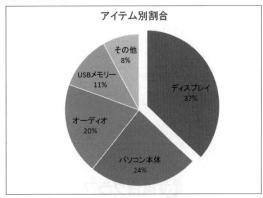

❹ 散布図

散布図は、2つの項目の値を縦軸と横軸にとって、2種類のデータ間の相関関係を表します。点の分布から、データの傾向や異常値、縦軸と横軸の相関関係などがわかります。
たとえば、図3.4の例からは、会員数が多いほど、売上も多くなるという関係がわかります。

■図3.4　散布図の例

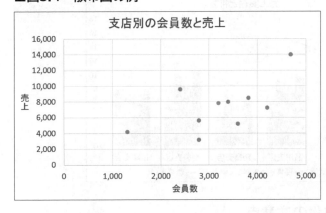

❺ レーダーチャート

レーダーチャートは、中心点からの距離で数値の大きさを表し、項目間のバランスを表します。形状から「**クモの巣グラフ**」とも呼ばれ、多角形か円形のグラフになります。製品の性能比較などに使用されます。

■図3.5　レーダーチャートの例

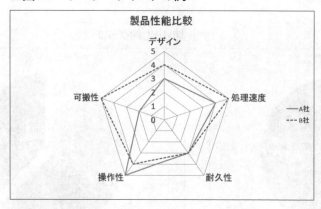

❻ 複合グラフ

複合グラフで最も多いパターンは、棒グラフと折れ線グラフの組み合わせです。たとえば、棒グラフで売上高を、折れ線グラフで利益率を同時に表示することができます。特に、2つの項目間で値に大きな差がある場合、2つ目の縦軸を設定することで適切に値の比較を行うことができます。

■図3.6　複合グラフの例

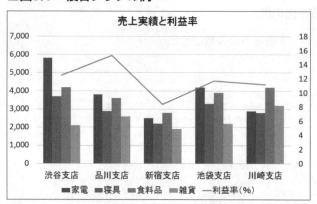

❼ グラフ化の注意点

グラフ化する場合には、次のような点に注意しましょう。

- グラフを作成するときには、要素の数を増やしすぎないようにします。
- 使用する媒体がカラーかモノクロかを確認し、適切な色や網かけ、線の種類を選択します。
- 項目名や凡例を表示して、グラフを見る人がひと目でわかるようにします。
- 目盛りや単位は正しく表示されるように設定します。
- 最後にもう一度、目的にあった最適なグラフかを確認します。

4 ABC分析

「ABC分析」とは、重要度に応じて管理方法などを適用する分析手法のことで、「重点分析」ともいいます。売れ筋商品の分析や在庫管理などに使用されます。

重要度をA、B、Cの3ランクに分けて分析するため、ABC分析と呼ばれます。ランク分けの重要度について決まった値はありませんが、一般的には表3.3のようなランク分けになります。

■表3.3　ABC分析のランク分け

ランク	構成比率累計	評価
A	～80%まで	主力商品
B	80%超～90%まで	準主力商品
C	90%超～100%まで	非主力商品

※ランク分けの基準は、商品特性などにより変えることがあります。

図3.7のような売上データを使ってABC分析を行ってみます。

まず、「マスクメロン」の構成比率累計を確認します。表は構成比の降順にしておく必要があります。マスクメロンの「33%」は構成比率累計の80%までに入るので「Aランク」になります。同様に、ほかの商品の構成比率累計が80%に入るものを「Aランク」とします。構成比率累計が80%を超えて90%までの「巨峰」は「Bランク」に分類されます。残りの構成比率累計が90%を超える商品はすべて「Cランク」に分類されます。

このように、商品の売上高の高い順にA、B、Cの3種類に分類し、売上高の高いAランクを売れ筋商品として重点的に管理することで、効率的な経営管理ができます。

■図3.7　構成比率累計とランクの例

	売上高	構成比	構成比率累計	ランク	
マスクメロン	11,500	33%	33%	A	
アップルマンゴー	8,500	24%	57%	A	～80%
イチゴ	7,500	21%	78%	A	
巨峰	2,500	7%	85%	B	80%超～90%
ラ・フランス	2,000	6%	91%	C	
ビワ	1,500	4%	95%	C	90%超～100%
オレンジ	900	3%	98%	C	
グレープフルーツ	700	2%	100%	C	
合計	35,100	100%	―	―	

また、ABC分析では、基準の値を縦棒グラフ、構成比率累計を折れ線グラフで表した図3.8のような「パレート図」をツールとして使います。パレート図の第2軸の80%と90%の位置に線を引いて、垂直に落とすことでランクを分類することもできます。

■図3.8　パレート図の例

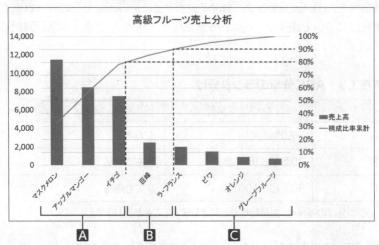

経済学者パレートが発見した「パレートの法則」では、「売上の80%は、20%の商品が作る」「故障の原因の80%は、20%の原因に由来する」など、8割の現象は2割の原因で発生するとされ、「80対20の法則」とも呼ばれています。

5　Zチャート

「Zチャート」は、ある一定期間の「毎月の売上」「売上累計」「移動合計」の3要素を折れ線グラフで表したものです。3つのグラフが「Z」の形に似ていることからZチャートと呼ばれます。通常は1年を単位として計算します。

移動合計とは、その月を含む過去1年間の売上合計のことです。たとえば、2021年8月の移動合計は、2020年9月から2021年8月までの12か月間の合計になります。売上を集計する期間が毎月移動していくので移動合計といいます。

Zチャートは季節変動のある商品などの分析に向いていて、事業が成長傾向にあるのか衰退傾向にあるのかを判断できます。Zの形が、右肩上がりであれば成長傾向、右肩下がりであれば衰退傾向にあります。

■図3.9　Zチャートの例

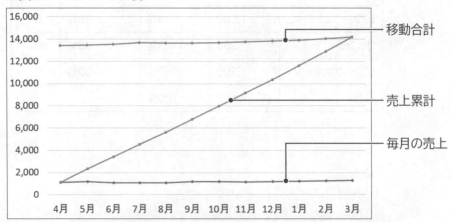

業務データの保管

業務データとして保管するものには、紙の伝票と、PC（パソコン）で作成された集計資料や売上データなどがあります。
ここでは、PCで作成したデータについて、基本的な保管方法を確認しましょう。

1 ファイルの管理

作成されたデータは、個人のPCに保管されたり、会社のファイルサーバーに保管されたりします。売上データや商品マスターなど多くの社員が使用するようなデータは、ファイルサーバーなどで、ルールに基づいたわかりやすい名前で保管します。

❶ ファイル名の制限

ファイル名は255文字まで使用できます。長すぎると画面に表示しきれず省略して表示されるので、あまり長くならないようにするとよいでしょう。
ファイル名には、次の半角の文字は使用できません。

```
¥  /  ?  :  *  "  >  <  |
```

また、Windowsでは半角英数の大文字・小文字が区別されないため、次のファイル名は同じ名前と判断されます。

```
YAMADA.XLSX      =      yamada.xlsx
Service.xlsx     =      service.xlsx
```

❷ ファイル名のルール

ファイル名のルールは、業種や形態に応じて、さまざまなパターンが考えられます。ポイントは、ルールを決めたら全員が必ず守ることです。ルールを守らずにファイル名を決めると、あとから利用しようとするときに、検索できなかったり、検索に時間がかかったりしてしまいます。
ファイルを作成したときに同じファイル名が存在した場合、表計算ソフトが警告のダイアログボックスを表示します。その場合には、別の名前で保存するか、いったん保存を中止し、すでにあるファイルを確認して上書きするかどうかを判断します。誤って上書きしてしまうと、元のファイルを復活させることはできません。ファイル名の管理には慎重な対応が必要です。
ファイル名のルールには、次のようなものがあります。

●部署名＋データ内容＋作成日

```
例：営業部2021年度販売管理20210825
    営業部 2021年度販売管理 20210825
```
半角スペースで区切りを追加

● 提出先+データ内容+作成日

> 例：山田商事様請求書20210901
> 　　山田商事様_請求書_20210901

────── アンダーバーで区切りを追加

● 書類番号+提出先

> 例：210001山田商事様
> 　　210001-山田商事様

────── ハイフンで区切りを追加

❸ ファイルのセキュリティ

作成したファイルを保護するために、パスワードを設定することもできます。

パスワードには、「読み取りパスワード」と「書き込みパスワード」があります。読み取りパスワードを設定すると、ファイルを開くときにパスワードが要求され、パスワードを知っている人だけがファイルの内容を確認することができます。書き込みパスワードの場合は誰でもファイルを開くことができますが、変更内容などを保存するときにパスワードが要求され、パスワードを知っている人だけが保存できます。

また、ファイルを電子メールで送信するときは、パスワードを設定して、部外者に見られないようにしておくとよいでしょう。このとき、ファイルの送信とパスワードの連絡は、別々のメールで送るようにします。

２　フォルダーによる分類

作成したファイルは、テーマごとにグループに分けると管理しやすくなります。このグループのことを「フォルダー」といいます。

フォルダー名もファイル名と同様に、ルールに基づいたわかりやすい名前で作成します。

❶ フォルダー名の制限

フォルダー名についても、ファイル名同様に255文字以内で設定します。次の半角の文字は使用できません。

> ¥　/　?　:　*　"　>　<　|

❷ フォルダーの分類

フォルダーの分類方法には、次のようなものがあります。

● 部署名による分類

> 例：総務部
> 　　営業企画部
> 　　製造部　　　　など

●**商品名による分類**

例：家具
　カーテン
　アクセサリ　　など

●**時系列による分類**

例：令和3年度
　2021年度
　第12期　　など

●**提出先による分類**

例：山田商事
　日商工務店
　東商建材　　など

❸ フォルダーの階層

フォルダーの中に、さらにフォルダーを作成することができます。このような構造を「階層構造」といいます。階層の深さについての明確な制限はありませんが、深くなり過ぎると逆にわかりにくくなります。3階層程度を目安に作成しましょう。

階層構造にする場合には、フォルダーの分類方法を組み合わせて作成すると管理しやすくなります。

■**図3.10　階層構造の例**

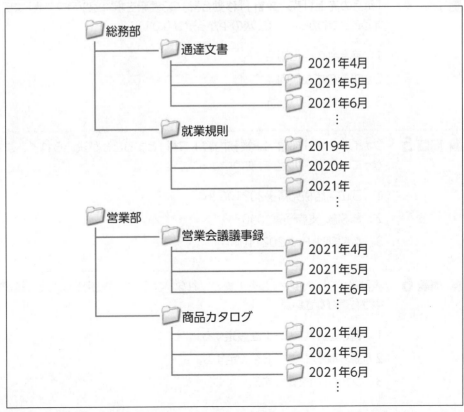

第1章 第2章 第3章 第4章 第5章 第6章 模擬試験 付録 索引

知識科目

■ **問題 1**　データをグラフ化する最も適切な目的を、次の中から選びなさい。

1　データの属性を視覚的に表すため。

2　データの比較や推移を視覚的に表すため。

3　商品の魅力を視覚的に表すため。

■ **問題 2**　選挙において候補者別の得票数を比較するグラフとして最も適切なものを、次の中から選びなさい。

1　円グラフ

2　折れ線グラフ

3　レーダーチャート

■ **問題 3**　半年間の月別売上推移を比較します。最も適切なグラフを、次の中から選びなさい。

1　積み上げ縦棒グラフ

2　散布図

3　折れ線グラフ

■ **問題 4**　「毎月の売上」「売上累計」「移動合計」の3要素を折れ線グラフで表したZチャートを作成することでわかることを、次の中から選びなさい。

1　商品別の売上割合

2　事業の成長傾向

3　売れ筋商品の分析

■ **問題 5**　ファイル名は、「部署名＋業務内容＋日付」とすることが決められています。ルールと異なっているファイル名を、次の中から選びなさい。

1　武田商店様見積書20210826

2　総務部_支店通達_0903

3　広報部リリース20211011

■ **問題 6**　表計算ソフトで、ファイルを上書きされないように行う設定として最も適切なものを、次の中から選びなさい。

1　書き込みパスワードを設定する。

2　読み取りパスワードを設定する。

3　ファイル名を変更する。

Chapter

4

第4章
表の作成

作成するブックの確認

この章で作成するブックを確認します。

1 作成するブックの確認

次のようなExcelの機能を使って、基本的な表を作成します。

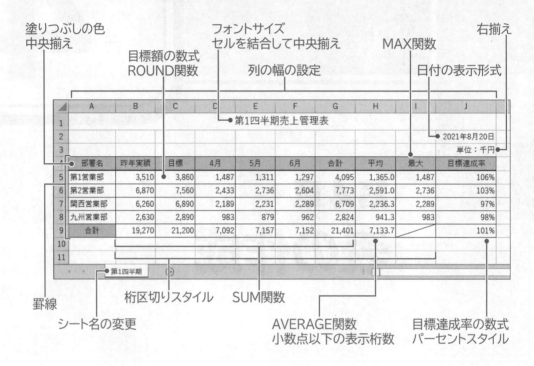

塗りつぶしの色
中央揃え

目標額の数式
ROUND関数

フォントサイズ
セルを結合して中央揃え

列の幅の設定

MAX関数

右揃え

日付の表示形式

罫線

シート名の変更

桁区切りスタイル　SUM関数

AVERAGE関数
小数点以下の表示桁数

目標達成率の数式
パーセントスタイル

列の非表示

値の貼り付け

行の削除

絶対参照の数式　書式のコピー/貼り付け

第1章

第2章

第3章

第4章

第5章

第6章

模擬試験

付録

索引

データの入力

ここでは、文字列や数値、連続データの入力、入力したデータを修正する方法について
説明します。

1 新しいブックの作成

Excelを起動して、新しいブックを作成します。
Excelでは、ファイルのことを「ブック」といいます。初期の設定では、ブックには1枚の
「シート」が用意されており、必要に応じて挿入したり削除したりできます。処理の対象に
なっているシートを「アクティブシート」といいます。

Let's Try 新しいブックの作成

Excelを起動し、新しいブックを作成しましょう。

①⊞ (スタート) をクリックします。

スタートメニューが表示されます。

② **2019**

《Excel》をクリックします。

2016

《Excel 2016》をクリックします。

Excelが起動し、Excelのスタート画面が表示されます。

③タスクバーに ×⊞ が表示されていることを確認します。

※ウィンドウが最大化されていない場合は、 ◻ (最大化)をクリックしておきましょう。

④《空白のブック》をクリックします。

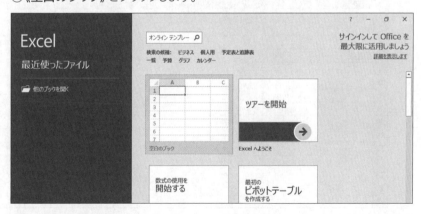

新しいブックが開かれます。

⑤タイトルバーに「Book1」と表示されていることを確認します。

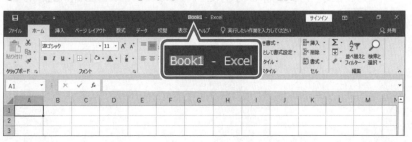

2 データの入力

Excelのシートは「**行**」と「**列**」で構成されており、行と列が交わる「**セル**」にデータを入力します。入力などの処理の対象となっているセルを「**アクティブセル**」といい、緑色の太線で囲まれて表示されます。

Excelで扱うデータには「**文字列**」と「**数値**」があります。

種類	計算対象	セル内の配置
文字列	計算対象にならない	左揃えで表示
数値	計算対象になる	右揃えで表示

※日付や数式は「数値」に含まれます。
※文字列は計算対象になりませんが、文字列を使った数式を入力することもあります。

Let's Try 文字列の入力

表の項目名とタイトルの文字列を入力しましょう。

①セル【A4】をクリックします。
※マウスポインターが ✛ の状態でセル【A4】をクリックすると、セル【A4】が選択されます。
セル【A4】がアクティブセルになり、名前ボックスに「A4」と表示されます。

②「部署名」と入力します。
※ 半角/全角 を押して、入力モードを あ にします。
数式バーにデータが表示されます。

名前ボックス　　　　　　　　数式バー

③ Enter を押します。

入力した文字列が左揃えで表示され、アクティブセルがセル【A5】に移動します。
※ Enter を押してデータを確定すると、アクティブセルが下に移動します。

④同様に、次の文字列を入力します。

セル【A1】：売上管理表	セル【B4】：昨年実績	セル【H4】：平均
セル【A5】：第1営業部	セル【C4】：目標	セル【I4】：最大
セル【A7】：関西営業部	セル【D4】：4月	セル【J3】：単位：千円
セル【A8】：九州営業部	セル【G4】：合計	セル【J4】：目標達成率
セル【A9】：合計		

	A	B	C	D	E	F	G	H	I	J
1	売上管理表									
2										
3										単位：千円
4	部署名	昨年実績	目標	4月			合計	平均	最大	目標達成率
5	第1営業部									
6										
7	関西営業部									
8	九州営業部									
9	合計									
10										

操作のポイント

アクティブセルの移動
アクティブセルは、↑ ↓ ← → のキーを使っても移動できます。

入力モードの切り替え
入力するデータに応じて、入力モードを切り替えましょう。
原則的に、半角英数字を入力するときは A（半角英数）、ひらがな・カタカナ・漢字などを入力するときは あ（ひらがな）に設定します。

長い文字列の入力
列幅より長い文字列を入力すると、次のようにシート上に表示されます。

●右隣のセルが未入力の場合　　　　●右隣のセルにデータが入力されている場合
列幅を超える部分は隣のセルに表示されます。　列幅を超える部分は表示されません。

	A	B	C
1	売上管理表		
2			

	A	B	C
1	売上管理表	（2021年度）	
2			

※セルに格納されているデータは数式バーで確認できます。

セル内で文字列を改行
列幅より長い文字列の場合、^{ab}（折り返して全体を表示する）を使うと、セル内で文字列を改行して表示することができます。

	A	B	C
1	売上管理 表		
2			

セル内の文字列を任意の位置で改行したい場合は、改行位置で Alt + Enter を押します。
改行すると、行の高さは自動的に調整されます。

	A	B	C
1	売上		
2	管理表		
3			

第1章
第2章
第3章
第4章
第5章
第6章
模擬試験
付録
索引

Let's Try 数値の入力

表内に数値を入力しましょう。

①セル【B5】をクリックします。

②「3510」と入力します。

③ [Enter] を押します。

入力した数値が右揃えで表示されます。

④同様に、次の数値を入力します。

セル【B6】：6870	セル【D5】：1218	セル【E5】：1311	セル【F5】：1297
セル【B7】：6260	セル【D6】：2433	セル【E6】：2736	セル【F6】：2604
セル【B8】：2630	セル【D7】：2189	セル【E7】：2231	セル【F7】：2289
	セル【D8】：983	セル【E8】：879	セル【F8】：962

	A	B	C	D	E	F	G	H	I	J
1	売上管理表									
2										
3										単位：千円
4	部署名	昨年実績	目標	4月			合計	平均	最大	目標達成率
5	第1営業部	3510		1218	1311	1297				
6		6870		2433	2736	2604				
7	関西営業部	6260		2189	2231	2289				
8	九州営業部	2630		983	879	962				
9	合計									
10										
11										

Let's Try 日付の入力

日付は「8/20」のように「/（スラッシュ）」または「－（ハイフン）」で区切って入力します。
表の右上に日付を入力しましょう。

①セル【J2】をクリックします。

②「8/20」と入力します。

③ [Enter] を押します。

入力した日付が右揃えで「8月20日」と表示されます。

④セル【J2】を選択し、数式バーに「西暦年/8/20」と表示されていることを確認します。

※「西暦年」には、現在の西暦年が表示されます。

J2	▼	:	×	✓	fx	2021/8/20			

	A	B	C	D	E	F	G	H	I	J
1	売上管理表									
2										8月20日
3										単位：千円
4	部署名	昨年実績	目標	4月			合計	平均	最大	目標達成率
5	第1営業部	3510		1218	1311	1297				
6		6870		2433	2736	2604				
7	関西営業部	6260		2189	2231	2289				
8	九州営業部	2630		983	879	962				
9	合計									
10										
11										

第1章

第2章

第3章

第4章

第5章

第6章

模擬試験

付録

索引

3 連続データの入力（オートフィル）

「オートフィル」は、セル右下の■（フィルハンドル）を使って、連続性のあるデータを隣接するセルに入力する機能です。数値や日付を規則的に増減させるような連続データを入力したり、数式をコピーしたりできます。

Let's Try 連続データの入力

オートフィルを使って、セル【D4】の「4月」をもとに「5月」「6月」と連続するデータを入力しましょう。次に、セル【A5】の「第1営業部」をもとに「第2営業部」を入力しましょう。

①セル【D4】を選択し、セル右下の■（フィルハンドル）をポイントします。
※マウスポインターの形が╋に変わります。
②セル【F4】までドラッグします。
※ドラッグ中、入力される内容がポップヒントで表示されます。

	A	B	C	D	E	F	G	H	I	J
1	売上管理表									
2										8月20日
3										単位：千円
4	部署名	昨年実績	目標	4月			合計	平均	最大	目標達成率
5	第1営業部	3510		1218	1311	6月 1297				
6		6870		2433	2736	2604				
7	関西営業部	6260		2189	2231	2289				
8	九州営業部	2630		983	879	962				
9	合計									

「5月」と「6月」が入力されます。

③セル【A5】を選択し、セル右下の■（フィルハンドル）をセル【A6】までドラッグします。
※■（フィルハンドル）をダブルクリックしてもかまいません。
「第2営業部」が入力されます。

	A	B	C	D	E	F	G	H	I	J
1	売上管理表									
2										8月20日
3										単位：千円
4	部署名	昨年実績	目標	4月	5月	6月	合計	平均	最大	目標達成率
5	第1営業部	3510		1218	1311	1297				
6	第2営業部	6870		2433	2736	2604				
7	関西営業部	6260		2189	2231	2289				
8	九州営業部	2630		983	879	962				
9	合計									

操作のポイント

オートフィルオプション

○ セルのコピー(C)
◉ 連続データ(S)
○ 書式のみコピー（フィル）(F)
○ 書式なしコピー（フィル）(O)
○ フラッシュ フィル(F)

オートフィルを実行すると、■（オートフィルオプション）が表示されます。
クリックすると表示される一覧から、データのコピーに変更したり、書式の有無を指定したりできます。

フィルハンドルのダブルクリック

■（フィルハンドル）をダブルクリックすると、表内のデータの最終行を自動的に認識し、データが入力されます。

4 データの修正

セルに入力したデータを修正するには、次の2つの方法があります。修正内容や入力状況に応じて使い分けます。

●上書きして修正する
セルの内容を大幅に変更する場合は、入力したデータの上から新しいデータを入力しなおします。

●編集状態にして修正する
セルの内容を部分的に変更する場合は、対象のセルを編集できる状態にしてデータを修正します。

Let's Try ## 上書き修正

データを上書きして、セル【D5】の「1218」を「1487」に修正しましょう。

①セル【D5】をクリックします。

▲	A	B	C	D	E	F	G	H	I	J
1	売上管理表									
2										8月20日
3										単位：千円
4	部署名	昨年実績	目標	4月	5月	6月	合計	平均	最大	目標達成率
5	第1営業部	3510		1218	1311	1297				
6	第2営業部	6870		2433	2736	2604				
7	関西営業部	6260		2189	2231	2289				
8	九州営業部	2630		983	879	962				
9	合計									
10										
11										

②「1487」と入力します。

③ Enter を押します。

データが修正されます。

▲	A	B	C	D	E	F	G	H	I	J
1	売上管理表									
2										8月20日
3										単位：千円
4	部署名	昨年実績	目標	4月	5月	6月	合計	平均	最大	目標達成率
5	第1営業部	3510		1487	1311	1297				
6	第2営業部	6870		2433	2736	2604				
7	関西営業部	6260		2189	2231	2289				
8	九州営業部	2630		983	879	962				
9	合計									
10										
11										

Let's Try 編集状態にして修正

セルを編集状態にして、セル【A1】の「売上管理表」を「第1四半期売上管理表」に修正しましょう。

①セル【A1】をダブルクリックします。
編集状態になり、セル内にカーソルが表示されます。

	A	B	C	D	E	F	G	H	I	J
1	売上管理表									
2			売上管理表							8月20日
3										単位：千円
4	部署名	昨年実績	目標	4月	5月	6月	合計	平均	最大	目標達成率
5	第1営業部	3510		1487	1311	1297				
6	第2営業部	6870		2433	2736	2604				
7	関西営業部	6260		2189	2231	2289				
8	九州営業部	2630		983	879	962				
9	合計									
10										
11										

②「売上管理表」を「第1四半期売上管理表」に修正します。
※編集状態では、⬅ ➡でカーソルを移動できます。

③ Enter を押します。
データが修正されます。

	A	B	C	D	E	F	G	H	I	J
1	第1四半期売上管理表									
2										8月20日
3										単位：千円
4	部署名	昨年実績	目標	4月	5月	6月	合計	平均	最大	目標達成率
5	第1営業部	3510		1487	1311	1297				
6	第2営業部	6870		2433	2736	2604				
7	関西営業部	6260		2189	2231	2289				
8	九州営業部	2630		983	879	962				
9	合計									
10										
11										

操作のポイント

その他の方法（編集状態）
◆セルを選択→ F2
◆セルを選択→数式バーをクリック

編集状態でのデータの消去
編集状態でデータを部分的に消去するには、 Delete または Back Space を押します。
Delete ：カーソルの右の文字を消去します。
Back Space ：カーソルの左の文字を消去します。

データの消去
セルのデータを消去するには、セルを選択して Delete を押します。

表の書式設定

セルの周囲に罫線を設定したり、セルの背景に色を塗ったりして、表の見栄えを整えましょう。
ここでは、罫線、セルの塗りつぶし、フォント書式、列の幅、データの配置の設定方法について説明します。

1 罫線の設定

セルに罫線を設定できます。罫線を使うと、セルとセルに区切りをつけたり、データのないセルに斜線を引いたりできます。
罫線には、実線・点線・破線・太線・二重線など、さまざまなスタイルがあり、《ホーム》タブの ⊞▼ (下罫線) には、よく使う罫線のパターンがあらかじめ用意されています。

Let's Try 格子線の設定

表全体に格子の罫線を設定しましょう。

①セル範囲【A4：J9】を選択します。
※セル範囲【A4：J9】をドラッグすると、セル範囲が選択されます。
②《ホーム》タブを選択します。
③《フォント》グループの ⊞▼ (下罫線) の ▼ をクリックします。
④《格子》をクリックします。

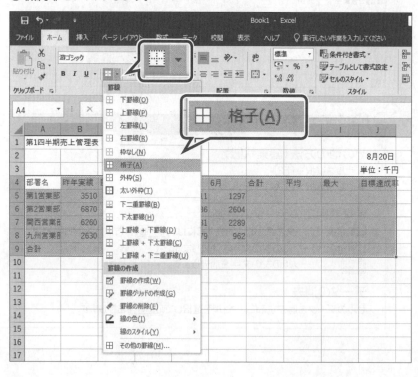

表全体に格子の罫線が引かれます。

※ボタンが直前に選択した 田 ▼（格子）に変わります。

※任意のセルをクリックし、選択を解除しておきましょう。

Let's Try 太線の設定

4行目の表の項目名の下側に太線の罫線を設定しましょう。

①セル範囲【A4：J4】を選択します。

②《ホーム》タブを選択します。

③《フォント》グループの 田 ▼（格子）の ▼ をクリックします。

④《下太罫線》をクリックします。

太線が引かれます。

※任意のセルをクリックし、選択を解除しておきましょう。

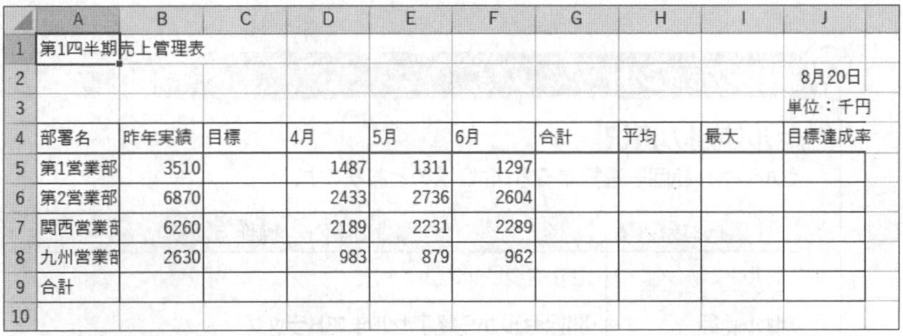

Let's Try 斜線の設定

セル【I9】に斜線を設定しましょう。

①セル【I9】をクリックします。

②《ホーム》タブを選択します。

③《フォント》グループの ⌐ （フォントの設定）をクリックします。

《セルの書式設定》ダイアログボックスが表示されます。

④《罫線》タブを選択します。

⑤《スタイル》の一覧から《━━━━》を選択します。

⑥《罫線》の ◩ をクリックします。

《罫線》にプレビューが表示されます。

第1章
第2章
第3章
第4章
第5章
第6章
模擬試験
付録
索引

⑦《OK》をクリックします。

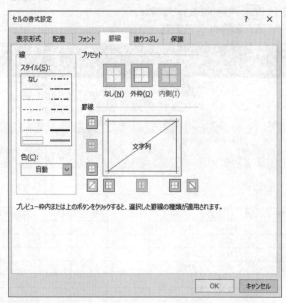

斜線が引かれます。

※任意のセルをクリックし、選択を解除しておきましょう。

	A	B	C	D	E	F	G	H	I	J
1	第1四半期売上管理表									
2										8月20日
3										単位：千円
4	部署名	昨年実績	目標	4月	5月	6月	合計	平均	最大	目標達成率
5	第1営業部	3510		1487	1311	1297				
6	第2営業部	6870		2433	2736	2604				
7	関西営業部	6260		2189	2231	2289				
8	九州営業部	2630		983	879	962				
9	合計									
10										

セル範囲の選択

セルやセル範囲を選択する方法は、次のとおりです。

選択対象	操作方法
セル	セルをクリック
セル範囲	開始セルから終了セルまでドラッグ 開始セルをクリック→ Shift を押しながら終了セルをクリック
複数のセル範囲	1つ目のセル範囲を選択→ Ctrl を押しながら2つ目以降のセル範囲を選択
行	行番号をクリック
隣接する複数行	行番号をドラッグ
列	列番号をクリック
隣接する複数列	列番号をドラッグ

罫線の解除

罫線を解除するには、⊞▼（下罫線）の▼をクリックし、一覧から《枠なし》を選択します。

※⊞▼は、操作状況により異なります。

第 1 章

第 2 章

第 3 章

第 4 章

第 5 章

第 6 章

模擬試験

付録

索引

2　セルの塗りつぶし

セルの背景を任意の色で塗りつぶすことができます。セルに色を塗ると、表の見栄えを整えることができます。

Let's Try セルの塗りつぶし

セル範囲【A4:J4】とセル【A9】を「緑、アクセント6、白+基本色60%」で塗りつぶしましょう。

①セル範囲【A4:J4】を選択します。

②《ホーム》タブを選択します。

③《フォント》グループの ![塗りつぶしの色] (塗りつぶしの色) の ▼ をクリックします。

④《テーマの色》の《緑、アクセント6、白+基本色60%》をクリックします。

※一覧の色をポイントすると、適用結果を確認できます。

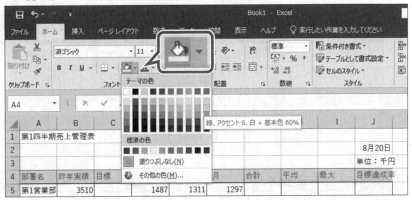

セルが選択した色で塗りつぶされます。

※ボタンが直前に選択した色に変わります。

⑤セル【A9】をクリックします。

⑥ [F4] を押します。

直前のコマンドが繰り返され、セルが塗りつぶされます。

	A	B	C	D	E	F	G	H	I	J
1	第1四半期売上管理表									
2										8月20日
3										単位:千円
4	部署名	昨年実績	目標	4月	5月	6月	合計	平均	最大	目標達成率
5	第1営業部	3510		1487	1311	1297				
6	第2営業部	6870		2433	2736	2604				
7	関西営業部	6260		2189	2231	2289				
8	九州営業部	2630		983	879	962				
9	合計									

操作のポイント

繰り返し

[F4]を押すと、直前で実行したコマンドを繰り返すことができます。ただし、[F4]を押してもコマンドが繰り返し実行できない場合もあります。

リアルタイムプレビュー

設定を確定する前に一覧の書式をポイントすると、設定後の結果を確認できます。
書式を繰り返し設定しなおす手間を省くことができます。

セルの塗りつぶしの解除

セルの塗りつぶしを解除するには、![塗りつぶしの色] (塗りつぶしの色) の ▼ をクリックし、一覧から《塗りつぶしなし》を選択します。

3 フォントサイズの変更

文字の大きさのことを「フォントサイズ」といい「ポイント」という単位で表します。
初期の設定では、入力したデータのフォントサイズは「11」ポイントです。

Let's Try ### フォントサイズの変更

タイトル「第1四半期売上管理表」のフォントサイズを「14」ポイントに変更しましょう。

①セル【A1】をクリックします。
②《ホーム》タブを選択します。
③《フォント》グループの 11 ▼ （フォントサイズ）の ▼ をクリックし、一覧から《14》を選択します。

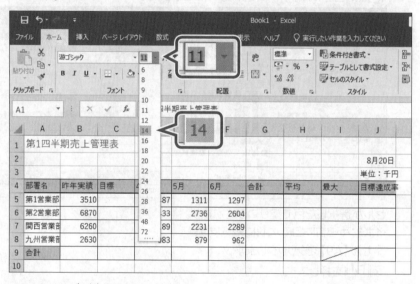

フォントサイズが変更されます。

 操作のポイント

フォントの変更
文字の書体のことを「フォント」といいます。初期の設定では、入力したデータのフォントは「游ゴシック」です。フォントを変更するには《ホーム》タブ→《フォント》グループの 游ゴシック ▼ （フォント）を使います。

文字の強調
文字は、太字や斜体、下線などを設定して強調することもできます。それぞれ、《ホーム》タブ→《フォント》グループの B （太字）、I （斜体）、U （下線）を使って設定できます。

●太字

	A	B	C
1	**第1四半期売上管理表**		
2			

●斜体

	A	B	C
1	*第1四半期売上管理表*		
2			

●下線

	A	B	C
1	<u>第1四半期売上管理表</u>		
2			

第1章

第2章

第3章

第4章

第5章

第6章

模擬試験

付録

索引

4　列の幅の設定

列の幅は、初期の設定では8.38文字分になっています。列の幅は自由に変更できるため、入力されているデータの長さなどに合わせて、広げたり、狭めたりします。
列の幅は、次のような方法で変更できます。

●ドラッグによる列の幅の変更

列番号の右側の境界線をドラッグして、列の幅を変更できます。

●ダブルクリックによる列の幅の自動調整

列番号の右側の境界線をダブルクリックすると、列の最長データに合わせて、列の幅を自動的に調整できます。

● 正確な列の幅の指定

《列の幅》ダイアログボックスを表示して、数値を指定します。

Let's Try　正確な列の幅の指定

A列の列の幅を「11」文字分に、B～I列の列の幅を「9」文字分に設定しましょう。

①列番号【A】を右クリックします。
②《列の幅》をクリックします。

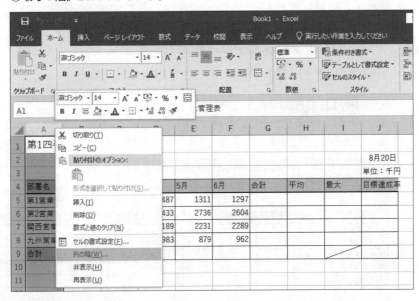

《列の幅》ダイアログボックスが表示されます。
③《列の幅》に「11」と入力します。
④《OK》をクリックします。

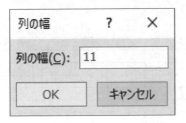

列の幅が変更されます。

⑤列番号【B】から列番号【I】までドラッグします。

複数列が選択されます。

⑥選択した列を右クリックします。

※選択した列であればどこでもかまいません。

⑦《列の幅》をクリックします。

《列の幅》ダイアログボックスが表示されます。

⑧《列の幅》に「9」と入力します。

⑨《OK》をクリックします。

列の幅が変更されます。

※任意のセルをクリックし、選択を解除しておきましょう。

	A	B	C	D	E	F	G	H	I	J
1	第1四半期売上管理表									
2										8月20日
3										単位：千円
4	部署名	昨年実績	目標	4月	5月	6月	合計	平均	最大	目標達成率
5	第1営業部	3510		1487	1311	1297				
6	第2営業部	6870		2433	2736	2604				
7	関西営業部	6260		2189	2231	2289				
8	九州営業部	2630		983	879	962				
9	合計									
10										
11										
12										

Let's Try ダブルクリックによる列の幅の自動調整

J列の列の幅を列の最長データに合わせて変更しましょう。

①列番号【J】の右側の境界線をポイントします。

※マウスポインターの形が✛に変わります。

②ダブルクリックします。

	A	B	C	D	E	F	G	H	I	J
1	第1四半期売上管理表									
2										月20日
3										：千円
4	部署名	昨年実績	目標	4月	5月	6月	合計	平均	最大	目標達成率
5	第1営業部	3510		1487	1311	1297				
6	第2営業部	6870		2433	2736	2604				
7	関西営業部	6260		2189	2231	2289				
8	九州営業部	2630		983	879	962				
9	合計									
10										
11										
12										

列の最長データに合わせて、列の幅が変更されます。

	A	B	C	D	E	F	G	H	I	J
1	第1四半期売上管理表									
2										8月20日
3										単位：千円
4	部署名	昨年実績	目標	4月	5月	6月	合計	平均	最大	目標達成率
5	第1営業部	3510		1487	1311	1297				
6	第2営業部	6870		2433	2736	2604				
7	関西営業部	6260		2189	2231	2289				
8	九州営業部	2630		983	879	962				
9	合計									
10										
11										
12										

第1章

第2章

第3章

第4章

第5章

第6章

模擬試験

付録

索引

その他の方法（正確な列の幅の指定）
◆列を選択→《ホーム》タブ→《セル》グループの ⊞書式▾（書式）→《列の幅》

その他の方法（列の幅の自動調整）
◆列を選択→《ホーム》タブ→《セル》グループの ⊞書式▾（書式）→《列の幅の自動調整》

行の高さの変更
行の高さは、初期の設定では18.75ポイントになっています。行の高さは自由に変更できます。
行の高さを変更する方法は、次のとおりです。
◆行番号の下側の境界線をドラッグ
◆行番号を右クリック→《行の高さ》

---

5 配置の設定

データを入力すると、文字列はセル内で左揃え、数値はセル内で右揃えの状態で表示されます。セル内のデータの配置は変更できます。

❶ セル内のデータの配置

≡（左揃え）や ≡（中央揃え）、≡（右揃え）を使うと、セル内のデータの配置を変更できます。

Let's Try 中央揃え

セル範囲【A4:J4】とセル【A9】の項目名を中央揃えにしましょう。

①セル範囲【A4:J4】を選択します。
②[Ctrl]を押しながら、セル【A9】をクリックします。
離れている範囲のセルが選択されます。
③《ホーム》タブを選択します。
④《配置》グループの ≡（中央揃え）をクリックします。
中央揃えになります。
※ボタンが濃い灰色になります。

右揃え

セル【J3】の「単位：千円」を右揃えにしましょう。

①セル【J3】をクリックします。
②《ホーム》タブを選択します。
③《配置》グループの ≡ （右揃え）をクリックします。
右揃えになります。
※ボタンが濃い灰色になります。

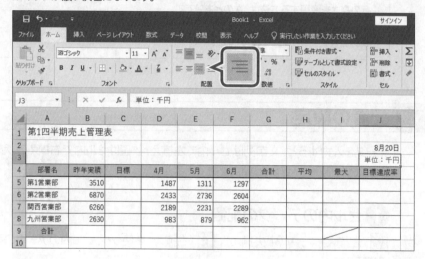

② セルを結合して中央揃え

複数のセルを結合すると、ひとつのセルとして扱うことができます。セルを結合すると、結合した範囲の中で、データの配置を設定できます。

セルを結合して中央揃え

セル範囲【A1：J1】を結合し、タイトル「**第1四半期売上管理表**」を結合したセルの中央に配置しましょう。

①セル範囲【A1：J1】を選択します。
②《ホーム》タブを選択します。
③《配置》グループの 🔳 （セルを結合して中央揃え）をクリックします。

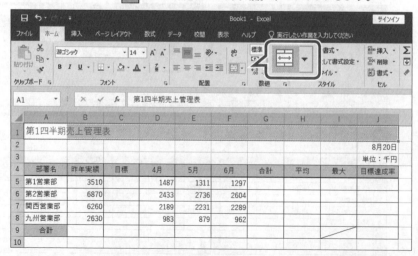

セルが結合され、文字列が結合したセルの中央に配置されます。
※ 🔲 （セルを結合して中央揃え）と 🔲 （中央揃え）の各ボタンが濃い灰色になります。

第1章

第2章

第3章

第4章

第5章

第6章

模擬試験

付録

索引

💡 操作のポイント

垂直方向の配置

データの垂直方向の配置を設定するには、《ホーム》タブ→《配置》グループの 🔲 （上揃え）や 🔲 （上下中央揃え）、🔲 （下揃え）を使います。行の高さを大きくした場合やセルを縦方向に結合した場合に使います。

●上揃え

	A	B
1	エリア	店舗名
2	関東	池袋
3		大森
4		横浜
5		松戸
6		大宮
7	関西	梅田
8		堺
9		伏見
10		西宮
11		姫路

●上下中央揃え

	A	B
1	エリア	店舗名
2		池袋
3		大森
4	関東	横浜
5		松戸
6		大宮
7		梅田
8		堺
9	関西	伏見
10		西宮
11		姫路

●下揃え

	A	B
1	エリア	店舗名
2		池袋
3		大森
4		横浜
5		松戸
6	関東	大宮
7		梅田
8		堺
9		伏見
10		西宮
11	関西	姫路

数式の入力

表の見栄えが整ったら、表内の数値を計算しましょう。
ここでは、演算記号を使った数式と関数を使った数式を入力します。

1 数式の入力

数式を使うと、入力されている値をもとに計算を行い、計算結果を表示できます。

① 数式の入力

Excelでは、数式の先頭に「＝(等号)」を入力し、続けてセルを参照しながら演算記号を
使って数式を入力します。セルを参照して数式を入力しておくと、セルの値が変更された
場合でも、自動的に再計算が行われ、計算結果に反映されます。

Let's Try 目標額の算出

セル【C5】に、第1営業部の目標額を求める数式を入力しましょう。目標額は、「昨年実績」
の110%とし、「昨年実績×1.1」で求めます。

①セル【C5】をクリックします。

②「＝」を入力します。

③セル【B5】をクリックします。

セル【B5】が点線で囲まれ、数式バーに「＝B5」と表示されます。

④続けて「＊1.1」と入力します。

⑤数式バーに「＝B5＊1.1」と表示されていることを確認します。

C5	▼	× ✓ fx	=B5*1.1							
	A	B	C	D	第1			H	I	J
1										
2										8月20日
3										単位：千円
4	部署名	昨年実績	目標	4月	5月	6月	合計	平均	最大	目標達成率
5	第1営業部	3510	=B5*1.1	1487	1311	1297				
6	第2営業部	6870		2433	2736	2604				
7	関西営業部	6260		2189	2231	2289				
8	九州営業部	2630		983	879	962				
9	合計									
10										

=B5*1.1

⑥ Enter を押します。

計算結果が表示されます。

C6	▼	× ✓ fx								
	A	B	C	D	E	F	G	H	I	J
1				第1四半期売上管理表						
2										8月20日
3										単位：千円
4	部署名	昨年実績	目標	4月	5月	6月	合計	平均	最大	目標達成率
5	第1営業部	3510	3861	1487	1311	1297				
6	第2営業部	6870		2433	2736	2604				
7	関西営業部	6260		2189	2231	2289				
8	九州営業部	2630		983	879	962				
9	合計									
10										

第1章

第2章

第3章

第4章

第5章

第6章

模擬試験

付録

索引

操作のポイント

演算記号

数式で使う演算記号には、次のようなものがあります。

演算記号	計算方法	一般的な数式	Excelで入力する数式
＋（プラス）	加算	2+3	=2+3
－（マイナス）	減算	2−3	=2−3
＊（アスタリスク）	乗算	2×3	=2*3
／（スラッシュ）	除算	2÷3	=2/3
＾（キャレット）	べき乗	2^3	=2^3

❷ 数式のコピー

数式が入力されているセルをコピーすると、コピー先に合わせてセル参照が自動的に調整されます。

Let's Try 目標額の数式のコピー

オートフィルを使って、「第1営業部」の目標額の数式をコピーして「第2営業部」「関西営業部」「九州営業部」の目標額を求めましょう。

①セル【C5】を選択し、セル右下の■（フィルハンドル）をセル【C8】までドラッグします。
※マウスポインターの形が＋に変わります。

数式がコピーされ、それぞれの部署の目標額が求められます。

88

2 関数の入力

「関数」とは、あらかじめ定義されている数式のことです。演算記号を使って数式を入力する代わりに、カッコ内に必要な「引数」を指定することによって計算を行います。

関数にはさまざまな種類があり、目的に合った関数を使うことで、簡単に計算結果を求めることができます。

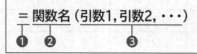

= 関数名 (引数1, 引数2, ・・・)
❶ ❷ ❸

❶先頭に「=」を入力します。

❷関数名を入力します。

※関数名は、英大文字で入力しても英小文字で入力してもかまいません。

❸引数をカッコで囲み、各引数は「,(カンマ)」で区切ります。

※関数によって、指定する引数は異なります。

※引数が不要な関数でもカッコは必ず入力します。

❶ 関数の入力方法

関数を入力する方法には、次のようなものがあります。

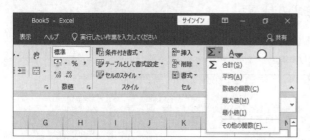

● Σ▾ (合計) を使う

「SUM」「AVERAGE」「COUNT」「MAX」「MIN」の各関数は、Σ▾ (合計) を使うと、関数名やカッコが自動的に入力され、引数も簡単に指定できます。

● fx (関数の挿入) を使う

数式バーの fx (関数の挿入) を使うと、ダイアログボックス上で関数や引数の説明を確認しながら、式を入力できます。

● キーボードから直接入力する

セルに関数を直接入力できます。引数に何を指定すればよいかわかっている場合には、直接入力した方が効率的な場合があります。

❷ SUM関数

合計を求めるには「SUM関数」を使います。

Σ (合計) を使うと、自動的にSUM関数が入力され、簡単に合計を求めることができます。

●SUM関数

=SUM(**数値1, 数値2, ・・・**)
　　　　　引数1　　引数2

例:
=SUM(A1:A10)
=SUM(A5, B10, C15)

Let's Try　合計の算出

SUM関数を使用して、セル範囲【B9:F9】とセル範囲【G5:G9】に合計を求めましょう。

①セル【B9】をクリックします。

②《ホーム》タブを選択します。

③《編集》グループの Σ (合計) をクリックします。

合計するセル範囲が自動的に認識され、点線で囲まれます。

④数式バーに「=SUM(B5:B8)」と表示されていることを確認します。

※引数の「:」は連続したセルの範囲を表します。

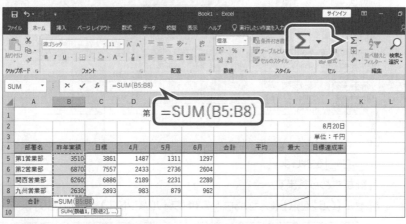

⑤ [Enter] を押します。

※ Σ (合計) を再度クリックして確定することもできます。

合計が求められます。

	A	B	C	D	E	F	G	H	I	J
1				第1四半期売上管理表						
2										8月20日
3										単位：千円
4	部署名	昨年実績	目標	4月	5月	6月	合計	平均	最大	目標達成率
5	第1営業部	3510	3861	1487	1311	1297				
6	第2営業部	6870	7557	2433	2736	2604				
7	関西営業部	6260	6886	2189	2231	2289				
8	九州営業部	2630	2893	983	879	962				
9	合計	19270								
10										
11										

第1章
第2章
第3章
第4章
第5章
第6章
模擬試験
付録
索引

⑥セル【B9】を選択し、セル右下の■(フィルハンドル)をセル【F9】までドラッグします。

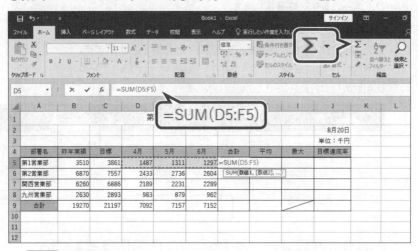

数式がコピーされ、9行目の合計が求められます。

⑦セル【G5】をクリックします。

⑧《編集》グループの Σ (合計)をクリックします。

⑨数式バーに「=SUM(B5:F5)」と表示されていることを確認します。

合計するのはセル範囲【D5:F5】なので、手動で選択しなおします。

⑩セル範囲【D5:F5】を選択します。

⑪数式バーに「=SUM(D5:F5)」と表示されていることを確認します。

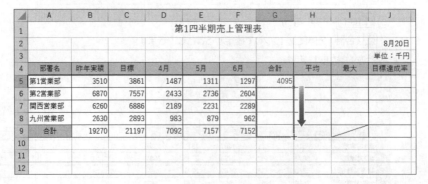

⑫ Enter を押します。

合計が求められます。

⑬セル【G5】を選択し、セル右下の■(フィルハンドル)をセル【G9】までドラッグします。

	A	B	C	D	E	F	G	H	I	J
1				第1四半期売上管理表						
2										8月20日
3										単位:千円
4	部署名	昨年実績	目標	4月	5月	6月	合計	平均	最大	目標達成率
5	第1営業部	3510	3861	1487	1311	1297	4095			
6	第2営業部	6870	7557	2433	2736	2604				
7	関西営業部	6260	6886	2189	2231	2289				
8	九州営業部	2630	2893	983	879	962				
9	合計	19270	21197	7092	7157	7152				
10										
11										
12										

数式がコピーされ、それぞれの部署の売上金額の合計が求められます。

| G5 | ▼ | ⋮ | × | ✓ | fx | =SUM(D5:F5) | | | |

	A	B	C	D	E	F	G	H	I	J
1	第1四半期売上管理表									
2										8月20日
3										単位：千円
4	部署名	昨年実績	目標	4月	5月	6月	合計	平均	最大	目標達成率
5	第1営業部	3510	3861	1487	1311	1297	4095			
6	第2営業部	6870	7557	2433	2736	2604	7773			
7	関西営業部	6260	6886	2189	2231	2289	6709			
8	九州営業部	2630	2893	983	879	962	2824			
9	合計	19270	21197	7092	7157	7152	21401			
10										
11										
12										
13										
14										
15										

操作のポイント

引数の自動認識

Σ▼（合計）を使ってSUM関数やAVERAGE関数を入力すると、セルの上または左の数値が引数として自動的に認識されます。計算対象の範囲が異なる場合は、セル範囲を選択しなおします。

引数のセル範囲の指定

関数の引数において、複数のセルの範囲は、次のように指定します。

●連続するセル範囲

始点のセルと終点のセルを「：（コロン）」でつなげて入力します。たとえば、セル【B3】～セル【F3】の連続するセルを指定する場合は、「B3:F3」と入力します。

●離れているセル

セルとセルを「，（カンマ）」で区切って入力します。たとえば、セル【B3】と【D3】と【F3】の離れたセルを指定する場合は、「B3, D3, F3」と入力します。

縦横の合計を求める

合計する数値が入力されているセル範囲と、計算結果を表示する空白セルを同時に選択して、Σ（合計）をクリックすると、空白セルに合計を一度に求めることができます。

部署名	4月	5月	6月	合計
第1営業部	1487	1311	1297	
第2営業部	2433	2736	2604	
関西営業部	2189	2231	2289	
九州営業部	983	879	962	
合計				

Σ（合計）をクリック

部署名	4月	5月	6月	合計
第1営業部	1487	1311	1297	4095
第2営業部	2433	2736	2604	7773
関西営業部	2189	2231	2289	6709
九州営業部	983	879	962	2824
合計	7092	7157	7152	21401

第1章
第2章
第3章
第4章
第5章
第6章
模擬試験
付録
索引

❸ AVERAGE関数

平均を求めるには「AVERAGE関数」を使います。
AVERAGE関数も $\boxed{\Sigma}$ (合計) を使って求められます。

● AVERAGE関数

=AVERAGE(数値1, 数値2, ・・・)
　　　　　　 引数1　 引数2

例:
=AVERAGE(A1:A10)
=AVERAGE(A5, B10, C15)

Let's Try ## 平均の算出

AVERAGE関数を使用して、セル範囲【H5:H9】に4月～6月の売上金額の平均を求めましょう。

① セル【H5】をクリックします。
② 《ホーム》タブを選択します。
③ 《編集》グループの $\boxed{\Sigma}$ (合計) の ・ をクリックします。
④ 《平均》をクリックします。

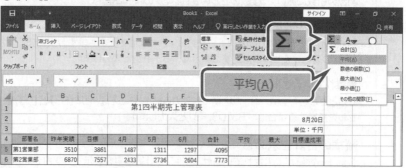

⑤ 数式バーに「=AVERAGE(B5:G5)」と表示されていることを確認します。

平均するのはセル範囲【D5:F5】なので、手動で選択しなおします。

⑥ セル範囲【D5:F5】を選択します。

⑦ 数式バーに「=AVERAGE(D5:F5)」と表示されていることを確認します。

⑧ Enter を押します。

平均が求められます。

⑨ セル【H5】を選択し、セル右下の■ (フィルハンドル) をセル【H9】までドラッグします。

数式がコピーされ、売上金額の平均が求められます。

	A	B	C	D	E	F	G	H	I	J
				fx	=AVERAGE(D5:F5)					
1					第1四半期売上管理表					
2										8月20日
3										単位:千円
4	部署名	昨年実績	目標	4月	5月	6月	合計	平均	最大	目標達成率
5	第1営業部	3510	3861	1487	1311	1297	4095	1365		
6	第2営業部	6870	7557	2433	2736	2604	7773	2591		
7	関西営業部	6260	6886	2189	2231	2289	6709	2236.3333		
8	九州営業部	2630	2893	983	879	962	2824	941.33333		
9	合計	19270	21197	7092	7157	7152	21401	7133.6667		
10										

❹ MAX関数

最大値を求めるには「MAX関数」を使います。

MAX関数も $\boxed{\Sigma \cdot}$ （合計）を使って求められます。

```
●MAX関数

=MAX(数値1, 数値2, ・・・)
      └─┬─┘  └─┬─┘
       引数1   引数2
────────────────────────
例：
=MAX(A1:A10)
=MAX(A5,B10,C15)
```

 **最大値の算出**

MAX関数を使用して、セル範囲【I5:I8】に4月～6月の売上金額の最大値を求めましょう。

①セル【I5】をクリックします。

②《ホーム》タブを選択します。

③《編集》グループの $\boxed{\Sigma \cdot}$ （合計）の $\boxed{\cdot}$ をクリックします。

④《最大値》をクリックします。

⑤数式バーに「=MAX(B5:H5)」と表示されていることを確認します。

最大値を求めるのはセル範囲【D5:F5】なので、手動で選択しなおします。

⑥セル範囲【D5:F5】を選択します。

⑦数式バーに「=MAX(D5:F5)」と表示されていることを確認します。

⑧ Enter を押します。

最大値が求められます。

⑨セル【I5】を選択し、セル右下の■（フィルハンドル）をセル【I8】までドラッグします。

数式がコピーされ、売上金額の最大値が求められます。

I5		▼	:	×	✓	fx	=MAX(D5:F5)		

▲	A	B	C	D	E	F	G	H	I	J
1	第1四半期売上管理表									
2										8月20日
3										単位：千円
4	部署名	昨年実績	目標	4月	5月	6月	合計	平均	最大	目標達成率
5	第1営業部	3510	3861	1487	1311	1297	4095	1365	1487	
6	第2営業部	6870	7557	2433	2736	2604	7773	2591	2736	
7	関西営業部	6260	6886	2189	2231	2289	6709	2236.3333	2289	
8	九州営業部	2630	2893	983	879	962	2824	941.33333	983	
9	合計	19270	21197	7092	7157	7152	21401	7133.6667		
10										

操作のポイント

```
●MIN関数

引数の数値の中から最小値を返します。

=MIN(数値1, 数値2, ・・・)
```

第1章

第2章

第3章

第4章

第5章

第6章

模擬試験

付録

索引

❺ ROUND関数

「ROUND関数」を使うと、指定した桁数で数値を四捨五入できます。

● ROUND関数

$$=ROUND (数値, 桁数)$$

❶ ❷

---

❶数値
四捨五入する数値や数式、セルを指定します。
❷桁数
数値を四捨五入した結果の桁数を指定します。
例：
=ROUND (1234.567, 2) → 1234.57
=ROUND (1234.567, 1) → 1234.6
=ROUND (1234.567, 0) → 1235
=ROUND (1234.567, −1) → 1230
=ROUND (1234.567, −2) → 1200

 四捨五入した数値の算出

ROUND関数を使用して、セル範囲【C5：C8】の目標額を一の位で四捨五入する数式に編集しましょう。

①セル【C5】をダブルクリックします。

セルが編集状態になります。

②数式を「=ROUND (B5*1.1, −1)」に修正します。

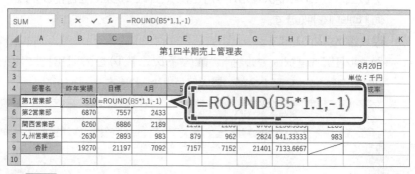

③ [Enter] を押します。

目標額の数値が一の位で四捨五入されます。

④セル【C5】を選択し、セル右下の■ (フィルハンドル) をセル【C8】までドラッグします。

数式がコピーされ、それぞれの部署の目標額の数値が一の位で四捨五入されます。

6 数式の入力

目標額と売上の合計金額をもとに、目標達成率を算出します。達成率は、「**売上金額÷目標額**」で求めます。

Let's Try 目標達成率の算出

セル範囲【J5:J9】に目標達成率を求めましょう。

①セル【J5】をクリックします。

②「=」を入力します。

③セル【G5】をクリックします。

④数式の続きに「/」を入力し、セル【C5】をクリックします。

⑤数式バーに「=G5/C5」と表示されていることを確認します。

	A	B	C	D	E	F	G	H	I	J	K
C5			=G5/C5			**=G5/C5**					
1				第						8月20日	
2										単位：千円	
3											
4	部署名	昨年実績	目標	4月	5月	6月	合計	平均	最大	目標達成率	
5	第1営業部	3510	3860	1487	1311	1297	4095	1365	1487	=G5/C5	
6	第2営業部	6870	7560	2433	2736	2604	7773	2591	2736		
7	関西営業部	6260	6890	2189	2231	2289	6709	2236.3333	2289		
8	九州営業部	2630	2890	983	879	962	2824	941.33333	983		
9	合計	19270	21200	7092	7157	7152	21401	7133.6667			
10											
11											
12											

⑥ Enter を押します。

⑦セル【J5】を選択し、セル右下の■（フィルハンドル）をセル【J9】までドラッグします。

数式がコピーされ、目標達成率が求められます。

※目標達成率は、あとからパーセントスタイルの表示形式を設定します。

	A	B	C	D	E	F	G	H	I	J	K
J5			=G5/C5								
1					第1四半期売上管理表						
2										8月20日	
3										単位：千円	
4	部署名	昨年実績	目標	4月	5月	6月	合計	平均	最大	目標達成率	
5	第1営業部	3510	3860	1487	1311	1297	4095	1365	1487	1.06088083	
6	第2営業部	6870	7560	2433	2736	2604	7773	2591	2736	1.0281746	
7	関西営業部	6260	6890	2189	2231	2289	6709	2236.3333	2289	0.97373004	
8	九州営業部	2630	2890	983	879	962	2824	941.33333	983	0.97716263	
9	合計	19270	21200	7092	7157	7152	21401	7133.6667		1.00948113	
10											
11											
12											

IF関数

「IF関数」を使うと、指定した条件を満たしている場合と満たしていない場合の結果を表示できます。

●IF関数

論理式の結果に基づいて、論理式が真（TRUE）の場合の値、論理式が偽（FALSE）の場合の値をそれぞれ返します。

=IF（論理式, 値が真の場合, 値が偽の場合）

❶論理式
判断の基準となる条件を式で指定します。

❷値が真の場合
論理式の結果が真（TRUE）の場合の処理を数値または数式、文字列で指定します。

❸値が偽の場合
論理式の結果が偽（FALSE）の場合の処理を数値または数式、文字列で指定します。

例：
=IF（E5=100,"○","×"）
セル【E5】が「100」であれば「○」、そうでなければ「×」が返されます。
※引数に文字列を指定する場合、文字列の前後に「"（ダブルクォーテーション）」を入力します。

IFS関数

「IFS関数」を使うと、複数の条件を順番に判断し、条件に応じて異なる結果を表示できます。条件によって複数の処理に分岐したい場合に使います。
※IFS関数は、Excel 2016では使用できません。

●IFS関数

「論理式1」が真（TRUE）の場合は「値が真の場合1」の値を返し、偽（FALSE）の場合は「論理式2」を判断します。「論理式2」が真（TRUE）の場合は「値が真の場合2」の値を返し、偽（FALSE）の場合は「論理式3」を判断します。最後の論理式にTRUEを指定すると、すべての論理式に当てはまらない場合の値を返すことができます。

=IFS（論理式1, 値が真の場合1, 論理式2, 値が真の場合2, ・・・, TRUE, 当てはまらなかった場合）

❶論理式1
判断の基準となる1つ目の条件を式で指定します。

❷値が真の場合1
1つ目の論理式が真の場合の値を数値または数式、文字列で指定します。

❸論理式2
判断の基準となる2つ目の条件を式で指定します。

❹値が真の場合2
2つ目の論理式が真の場合の値を数値または数式、文字列で指定します。

❺TRUE
TRUEを指定すると、すべての論理式に当てはまらなかった場合を指定できます。

❻当てはまらなかった場合
すべての論理式に当てはまらなかった場合の値を数値または数式、文字列で指定します。

例：
=IFS（E5=100,"A",E5>=70,"B",E5>=50,"C",E5>=40,"D",TRUE,"E"）
セル【E5】が「100」であれば「A」、セル【E5】が「70以上100未満」であれば「B」、セル【E5】が「50以上70未満」であれば「C」、セル【E5】が「40以上50未満」であれば「D」、セル【E5】が「40未満」であれば「E」が返されます。
※引数に文字列を指定する場合、文字列の前後に「"（ダブルクォーテーション）」を入力します。

表示形式の設定

セルに表示形式を設定すると、データの見た目を変更できます。表示形式を設定しても、セルに格納されているもとの値は変更されません。
ここでは、数値と日付の表示形式を設定します。

1　桁区切りスタイルの設定

表の数値に桁区切りスタイルを設定すると、数値が読み取りやすくなります。

Let's Try 桁区切りスタイルの設定

セル範囲【B5：I9】の数値に桁区切りスタイルを設定しましょう。

①セル範囲【B5：I9】を選択します。
②《ホーム》タブを選択します。
③《数値》グループの 「 , 」（桁区切りスタイル）をクリックします。

数値に3桁区切りカンマが付きます。
※「平均」の小数点以下は四捨五入され、整数で表示されます。
※任意のセルをクリックし、選択を解除しておきましょう。

2 小数点以下の表示桁数の設定

←.0
.00 (小数点以下の表示桁数を増やす)や .00
→.0 (小数点以下の表示桁数を減らす)を使うと、簡単に小数点以下の桁数の表示を変更できます。

● ←.0
.00 (小数点以下の表示桁数を増やす)

クリックするたびに、小数点以下が1桁ずつ表示されます。

● .00
→.0 (小数点以下の表示桁数を減らす)

クリックするたびに、小数点以下が1桁ずつ非表示になります。

Let's Try 小数点以下の表示桁数の設定

セル範囲【H5:H9】の売上金額の平均を小数点第1位までの表示に変更しましょう。

①セル範囲【H5:H9】を選択します。
②《ホーム》タブを選択します。
③《数値》グループの ←.0
.00 (小数点以下の表示桁数を増やす)をクリックします。

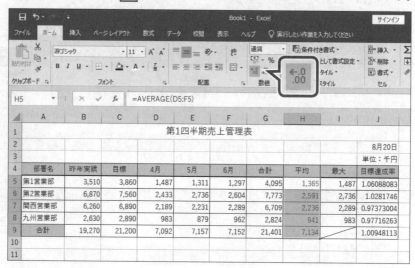

小数点第1位までの表示になります。

	A	B	C	D	E	F	G	H	I	J
1				第1四半期売上管理表						
2										8月20日
3										単位：千円
4	部署名	昨年実績	目標	4月	5月	6月	合計	平均	最大	目標達成率
5	第1営業部	3,510	3,860	1,487	1,311	1,297	4,095	1,365.0	1,487	1.06088083
6	第2営業部	6,870	7,560	2,433	2,736	2,604	7,773	2,591.0	2,736	1.0281746
7	関西営業部	6,260	6,890	2,189	2,231	2,289	6,709	2,236.3	2,289	0.97373004
8	九州営業部	2,630	2,890	983	879	962	2,824	941.3	983	0.97716263
9	合計	19,270	21,200	7,092	7,157	7,152	21,401	7,133.7		1.00948113
10										
11										

操作のポイント

小数点以下の処理

表示形式で小数点以下の桁数を調整した場合、調整後に表示されている桁のひとつ下の桁で四捨五入されます。ただし、表示形式はシート上の見た目を調整するだけで、セルに格納されている数値そのものを変更するものではありません。

それに対して、ROUND関数、ROUNDDOWN関数、ROUNDUP関数は、数値そのものを変更します。これらの関数の計算結果としてシート上に表示される数値とセルに格納されている数値は同じです。数値の小数点以下を処理する場合、表示形式を設定するか関数を入力するかは、作成する表に応じて使い分けましょう。

その他の方法（小数点以下の表示桁数の設定）

◆セル範囲を選択→《ホーム》タブ→《数値》グループの [⬆] （表示形式）→《表示形式》タブ→《分類》の一覧から《数値》を選択→《小数点以下の桁数》を設定

第1章

第2章

第3章

第4章

第5章

第6章

模擬試験

付録

索引

3 パーセントスタイルの設定

表の数値にパーセントスタイルを設定すると、数値を100倍して「%」で表示できます。

Let's Try パーセントスタイルの設定

セル範囲【J5:J9】の目標達成率にパーセントスタイルを設定しましょう。

① セル範囲【J5:J9】を選択します。
②《ホーム》タブを選択します。
③《数値》グループの %　(パーセントスタイル) をクリックします。

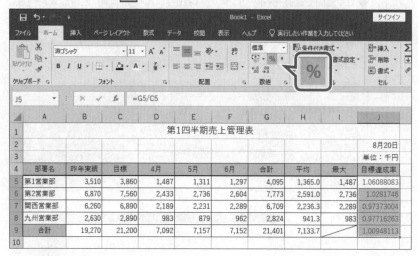

%で表示されます。
※「目標達成率」は100倍され、整数で表示されます。

	A	B	C	D	E	F	G	H	I	J
1				第1四半期売上管理表						
2										8月20日
3										単位：千円
4	部署名	昨年実績	目標	4月	5月	6月	合計	平均	最大	目標達成率
5	第1営業部	3,510	3,860	1,487	1,311	1,297	4,095	1,365.0	1,487	106%
6	第2営業部	6,870	7,560	2,433	2,736	2,604	7,773	2,591.0	2,736	103%
7	関西営業部	6,260	6,890	2,189	2,231	2,289	6,709	2,236.3	2,289	97%
8	九州営業部	2,630	2,890	983	879	962	2,824	941.3	983	98%
9	合計	19,270	21,200	7,092	7,157	7,152	21,401	7,133.7		101%
10										

操作のポイント

パーセント表示

割合や比率などを求める場合、数値は「%」の単位で表示します。
表の項目に「目標達成率(%)」などのように表示されている場合は、数値にパーセントスタイルの表示形式を設定する必要はありません。このような場合は、値を求めるときに、「売上金額÷目標額×100」として数式を入力します。

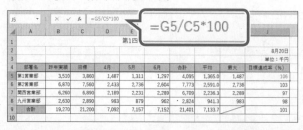

第1章

第2章

第3章

第4章

第5章

第6章

模擬試験

付録

索引

4　日付の表示形式の設定

「2021/4/8」や「10/1」のように日付を「/（スラッシュ）」で区切って入力すると、セルに日付の表示形式が自動的に設定されて、「2021/4/8」や「10月1日」のように表示されます。日付の表示形式はあとから変更することもできます。

Let's Try　日付の表示形式の設定

セル【J2】に「2021年8月20日」と表示されるように日付の表示形式を設定しましょう。
※「西暦年」には、現在の西暦年が表示されます。

①セル【J2】をクリックします。
②《ホーム》タブを選択します。
③《数値》グループの ユーザー定義 （数値の書式）の をクリックし、一覧から《長い日付形式》を選択します。

日付の表示形式が変更されます。
※日付の表示に合わせて列の幅が調整されます。

部署名	昨年実績	目標	4月	5月	6月	合計	平均	最大	目標達成率
第1営業部	3,510	3,860	1,487	1,311	1,297	4,095	1,365.0	1,487	106%
第2営業部	6,870	7,560	2,433	2,736	2,604	7,773	2,591.0	2,736	103%
関西営業部	6,260	6,890	2,189	2,231	2,289	6,709	2,236.3	2,289	97%
九州営業部	2,630	2,890	983	879	962	2,824	941.3	983	98%
合計	19,270	21,200	7,092	7,157	7,152	21,401	7,133.7		101%

第1四半期売上管理表　2021年8月20日　単位：千円

操作のポイント

表示形式の詳細設定
表示形式の詳細を設定するには、《ホーム》タブ→《数値》グループの （表示形式）を選択します。《セルの書式設定》ダイアログボックスの《表示形式》タブが表示され、詳細を設定できます。

ブックの保存

表が完成したら、シート名を変更し、ファイルとして保存します。
ここでは、シート名の変更、名前を付けて保存について説明します。

1 シート名の変更

初期の設定では、シートには「Sheet1」という名前が付けられています。シート名は、シートの内容に合わせて、あとから変更できます。

Let's Try シート名の変更

シート「Sheet1」の名前を「第1四半期」に変更しましょう。

①シート「Sheet1」のシート見出しをダブルクリックします。
シート名が選択されます。

▲	A	B	C	D	E	F	G	H	I	J
1					第1四半期売上管理表					
2										2021年8月20日
3										単位：千円
4	部署名	昨年実績	目標	4月	5月	6月	合計	平均	最大	目標達成率
5	第1営業部	3,510	3,860	1,487	1,311	1,297	4,095	1,365.0	1,487	106%
6	第2営業部	6,870	7,560	2,433	2,736	2,604	7,773	2,591.0	2,736	103%
7	関西営業部	6,260	6,890	2,189	2,231	2,289	6,709	2,236.3	2,289	97%
8	九州営業部	2,630	2,890	983	879	962	2,824	941.3	983	98%
9	合計	19,270	21,200	7,092	7,157	7,152	21,401	7,133.7		101%
10										

Sheet1

②「第1四半期」と入力します。
③ Enter を押します。
シート名が変更されます。

▲	A	B	C	D	E	F	G	H	I	J
1					第1四半期売上管理表					
2										2021年8月20日
3										単位：千円
4	部署名	昨年実績	目標	4月	5月	6月	合計	平均	最大	目標達成率
5	第1営業部	3,510	3,860	1,487	1,311	1,297	4,095	1,365.0	1,487	106%
6	第2営業部	6,870	7,560	2,433	2,736	2,604	7,773	2,591.0	2,736	103%
7	関西営業部	6,260	6,890	2,189	2,231	2,289	6,709	2,236.3	2,289	97%
8	九州営業部	2,630	2,890	983	879	962	2,824	941.3	983	98%
9	合計	19,270	21,200	7,092	7,157	7,152	21,401	7,133.7		101%

第1四半期

第1章

第2章

第3章

第4章

第5章

第6章

模擬試験

付録

索引

操作のポイント

その他の方法（シート名の変更）

◆シート見出しを選択→《ホーム》タブ→《セル》グループの ▦ 書式 ▾ （書式）→《シート名の変更》
◆シート見出しを右クリック→《名前の変更》

シートの挿入と削除

シートを挿入するには、シート見出しの右側の ⊕ （新しいシート）をクリックします。
シートを削除するには、シート見出しを右クリック→《削除》をクリックします。

シートの移動とコピー

シートを移動するには、シート見出しをドラッグします。

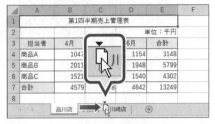

シートをコピーするには、 Ctrl を押しながらシート見出しをドラッグします。

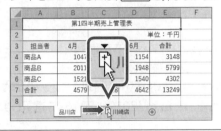

---

2 名前を付けて保存

新しく作成したブックの場合は、ファイルに名前を付けて保存します。
ブックを保存すると、アクティブシートとアクティブセルの位置も合わせて保存されます。
次に作業するときに便利なセルを選択してから、ブックを保存するとよいでしょう。

Let's Try 名前を付けて保存

作成したブックに「売上管理2021」と名前を付けて保存しましょう。

①セル【A1】をクリックします。
②《ファイル》タブを選択します。

部署名	昨年実績	目標	4月	5月	6月	合計	平均	最大	目標達成率
第1営業部	3,510	3,860	1,487	1,311	1,297	4,095	1,365.0	1,487	106%
第2営業部	6,870	7,560	2,433	2,736	2,604	7,773	2,591.0	2,736	103%
関西営業部	6,260	6,890	2,189	2,231	2,289	6,709	2,236.3	2,289	97%
九州営業部	2,630	2,890	983	879	962	2,824	941.3	983	98%
合計	19,270	21,200	7,092	7,157	7,152	21,401	7,133.7		101%

③《名前を付けて保存》をクリックします。

④《参照》をクリックします。

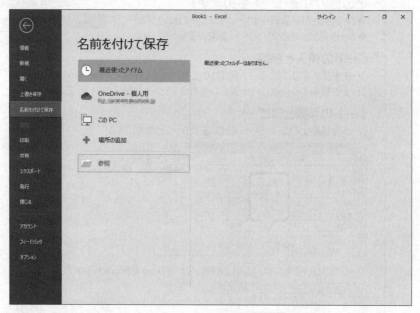

《名前を付けて保存》ダイアログボックスが表示されます。

⑤《ドキュメント》が開かれていることを確認します。

※《ドキュメント》が開かれていない場合は、《PC》→《ドキュメント》をクリックします。

⑥一覧から「日商PC データ活用3級 Excel2019／2016」を選択します。

⑦《開く》をクリックします。

⑧一覧から「第4章」を選択します。

⑨《開く》をクリックします。

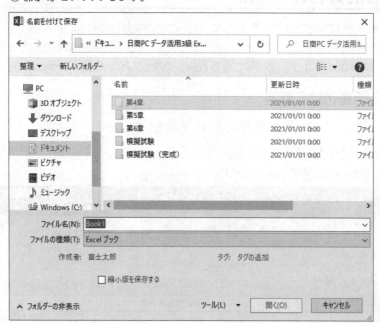

⑩《ファイル名》に「売上管理2021」と入力します。

⑪《保存》をクリックします。

ブックが保存され、タイトルバーにファイル名が表示されます。

※ブックを閉じておきましょう。

💡 操作のポイント

上書き保存

新しいブックを保存する場合は「名前を付けて保存」にしますが、追加や修正後に以前のファイルを残しておく必要がない場合は「上書き保存」にします。

停電などによる強制的な終了を考慮して、こまめに上書き保存しながら作業するとよいでしょう。

上書き保存する方法は、次のとおりです。

◆《ファイル》タブ→《上書き保存》
◆クイックアクセスツールバーの 🔲 （上書き保存）

Excel 2019／2016のファイル形式

Excel 2019／2016でブックを作成・保存すると、自動的に拡張子「.xlsx」が付きます。Excel 2003以前のバージョンで作成・保存されている文書の拡張子は「.xls」で、ファイル形式が異なります。

第1章
第2章
第3章
第4章
第5章
第6章
模擬試験
付録
索引

絶対参照の数式の入力

ここでは、数式のセルを参照する方法である「相対参照」と「絶対参照」について説明します。

1 相対参照と絶対参照

数式は「＝A1＊A2」のように、セルを参照して入力するのが一般的です。セルの参照には、「相対参照」と「絶対参照」があります。

●相対参照

「相対参照」は、セルの位置を相対的に参照する形式です。数式をコピーすると、セルの参照は自動的に調整されます。

図のセル【D2】に入力されている「＝B2＊C2」の「B2」や「C2」は相対参照です。数式をコピーすると、コピーの方向に応じて「＝B3＊C3」「＝B4＊C4」のように自動的に調整されます。

	A	B	C	D	
1	商品名	定価	掛け率	販売価格	
2	クレームブリュレ	¥4,800	70%	¥3,360	＝B2＊C2
3	ジェラートセット	¥2,800	90%	¥2,520	＝B3＊C3
4	ティラミス	¥3,500	80%	¥2,800	＝B4＊C4
5	マンゴープリン	¥3,200	80%	¥2,560	＝B5＊C5

●絶対参照

「絶対参照」は、特定の位置にあるセルを必ず参照する形式です。数式をコピーしても、セルの参照は固定されたままで調整されません。セルを絶対参照にするには、「$」を付けます。

図のセル【C4】に入力されている「＝B4＊$B$1」の「$B$1」は絶対参照です。数式をコピーしても、「＝B5＊$B$1」「＝B6＊$B$1」のように「$B$1」は常に固定で調整されません。

	A	B	C	D	
1	掛け率	85%			
2					
3	商品名	定価	販売価格		
4	クレームブリュレ	¥4,800	¥4,080		＝B4＊$B$1
5	ジェラートセット	¥2,800	¥2,380		＝B5＊$B$1
6	ティラミス	¥3,500	¥2,975		＝B6＊$B$1
7	マンゴープリン	¥3,200	¥2,720		＝B7＊$B$1

絶対参照の数式の入力

セル【E6】に売上構成比を求める数式を入力し、セル範囲【E7：E13】にコピーしましょう。
売上構成比は「要素の値÷全体の値」で求めますが、表の項目に「売上構成比（%）」などのように表示されている場合は、表内の値に「%」を付けずに、「要素の値÷全体の値×100」として求めます。

フォルダー「第4章」のファイル「売上報告」を開いておきましょう。

①セル【E6】をクリックします。
②「=」を入力します。
③セル【D6】をクリックします。
④数式の続きに「/」を入力し、セル【D13】をクリックします。
⑤数式バーに「=D6/D13」と表示されていることを確認します。

D13	▼ : ✕ ✓ _fx_	=D6/D13			=D6/D13	F
◢	A	B	C			F
1			売上報告			
2						
3				売上合計		
4						
5	**売場名**	昨年実績（円）	販売目標額（円）	売上金額（円）	売上構成比（%）	
6	食品	86,636	95,300	96,799	=D6/D13	
7	衣料	67,909	74,700	72,125		
8	インテリア	84,727	93,200	91,867		
9	家電	40,790	44,870	51,995		
10	パソコン	64,563	71,020	73,429		
11	楽器	27,090	29,800	25,491		
12	雑貨	60,818	66,900	71,479		
13	合計	432,533	475,790	483,185		
14						
15						

⑥ F4 を押します。
※数式の入力中に F4 を押すと、「$」が付きます。
⑦数式バーに「=D6/$D$13」と表示されていることを確認します。

D13	▼ : ✕ ✓ _fx_	=D6/$D$13			=D6/$D$13	F
◢	A	B	C			F
1			売上報告			
2						
3				売上合計		
4						
5	**売場名**	昨年実績（円）	販売目標額（円）	売上金額（円）	売上構成比（%）	
6	食品	86,636	95,300	96,799	=D6/$D$13	
7	衣料	67,909	74,700	72,125		
8	インテリア	84,727	93,200	91,867		
9	家電	40,790	44,870	51,995		
10	パソコン	64,563	71,020	73,429		
11	楽器	27,090	29,800	25,491		
12	雑貨	60,818	66,900	71,479		
13	合計	432,533	475,790	483,185		
14						
15						

第1章
第2章
第3章
第4章
第5章
第6章
模擬試験
付録
索引

⑧数式の続きに「＊100」と入力します。

| E6 | ▼ : × ✓ fx | =D6/$D$13*100 |

=D6/$D$13*100

	A	B	C	D	E	F
1			売上報告			
2						
3				売上合計		
4						
5	売場名	昨年実績（円）	販売目標額（円）	売上金額（円）	売上構成比（％）	
6	食品	86,636	95,300	96,799	=D6/$D$13*100	
7	衣料	67,909	74,700	72,125		
8	インテリア	84,727	93,200	91,867		
9	家電	40,790	44,870	51,995		
10	パソコン	64,563	71,020	73,429		
11	楽器	27,090	29,800	25,491		
12	雑貨	60,818	66,900	71,479		
13	合計	432,533	475,790	483,185		
14						

⑨ Enter を押します。

売上構成比が求められます。

※「売上構成比（％）」欄には、あらかじめ小数点第1位までの表示形式が設定されています。

⑩セル【E6】を選択し、セル右下の■（フィルハンドル）をセル【E13】までドラッグします。

	A	B	C	D	E	F
1			売上報告			
2						
3				売上合計		
4						
5	売場名	昨年実績（円）	販売目標額（円）	売上金額（円）	売上構成比（％）	
6	食品	86,636	95,300	96,799	20.0	
7	衣料	67,909	74,700	72,125		
8	インテリア	84,727	93,200	91,867		
9	家電	40,790	44,870	51,995		
10	パソコン	64,563	71,020	73,429		
11	楽器	27,090	29,800	25,491		
12	雑貨	60,818	66,900	71,479		
13	合計	432,533	475,790	483,185		
14						

⑪ ⊞▼（オートフィルオプション）をクリックします。

※ ⊞ をポイントすると、⊞▼になります。

⑫《書式なしコピー（フィル）》をクリックします。

| E6 | ▼ : × ✓ fx | =D6/$D$13*100 |

	A	B	C	D	E	F	G	H
1			売上報告					
2								
3				売上合計				
4								
5	売場名	昨年実績（円）	販売目標額（円）	売上金額（円）	売上構成比（％）			
6	食品	86,636	95,300	96,799	20.0			
7	衣料	67,909	74,700	72,125	14.9			
8	インテリア	84,727	93,200	91,867	19.0			
9	家電	40,790	44,870	51,995	10.8			
10	パソコン	64,563	71,020	73,429	15.2			
11	楽器	27,090	29,800	25,491	5.3			
12	雑貨	60,818	66,900	71,479	14.8			
13	合計	432,533	475,790	483,185	100.0			
14								
15								
16								
17								
18								

- ⊙ セルのコピー(C)
- ○ 書式のみコピー (フィル)(E)
- ○ 書式なしコピー (フィル)(O)
- ○ フラッシュ フィル(E)

罫線がもとの状態に戻り、数式だけがコピーされます。

コピー先の数式を確認します。

⑬セル【E7】をクリックします。

⑭数式バーに「=D7/$D$13*100」と表示され、「$D$13」のセルの参照が固定であることを確認します。

| E7 | ▼ | : | × | ✓ | fx | =D7/$D$13*100 |

=D7/$D$13*100

	A	B	C	D	E
1			売上報告		
2					
3				売上合計	
4					
5	売場名	昨年実績（円）	販売目標額（円）	売上金額（円）	売上構成比（%）
6	食品	86,636	95,300	96,799	20.0
7	衣料	67,909	74,700	72,125	14.9
8	インテリア	84,727	93,200	91,867	19.0
9	家電	40,790	44,870	51,995	10.8
10	パソコン	64,563	71,020	73,429	15.2
11	楽器	27,090	29,800	25,491	5.3
12	雑貨	60,818	66,900	71,479	14.8
13	合計	432,533	475,790	483,185	100.0
14					
15					

💡 **操作のポイント**

$の入力

「$」は直接入力してもかまいませんが、**F4**を使うと簡単に入力できます。**F4**を連続して押すと、「$D$13」（列行ともに固定）、「D$13」（行だけ固定）、「$D13」（列だけ固定）、「D13」（固定しない）の順番で切り替わります。

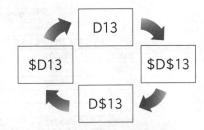

複合参照

相対参照と絶対参照を組み合わせることができます。このようなセルの参照を「複合参照」といいます。

●列は絶対参照、行は相対参照

$A1	コピーすると、「$A2」「$A3」「$A4」…のように、列は固定され、行は自動調整されます。

●列は相対参照、行は絶対参照

A$1	コピーすると、「B$1」「C$1」「D$1」…のように、列は自動調整され、行は固定されます。

第1章
第2章
第3章
第4章
第5章
第6章
模擬試験
付録
索引

STEP 8 表の編集

ここでは、行・列の挿入や削除、データや書式のコピー・貼り付け、行・列の非表示など、
あとから表を編集するときによく使用する操作について説明します。

1 行・列の挿入・削除

足りない行や列を挿入したり、不要な行や列を削除したり、あとから表の構成を変更できます。

Let's Try 行の削除

11行目の「楽器」の行を削除しましょう。

①行番号【11】を右クリックします。
②《削除》をクリックします。

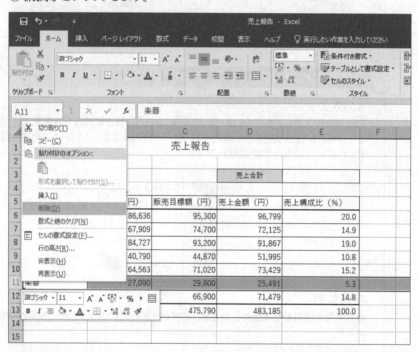

行が削除されます。
※12行目とE列の数式が再計算されます。

	A	B	C	D	E	F
1			売上報告			
2						
3				売上合計		
4						
5	売場名	昨年実績（円）	販売目標額（円）	売上金額（円）	売上構成比（％）	
6	食品	86,636	95,300	96,799	21.1	
7	衣料	67,909	74,700	72,125	15.8	
8	インテリア	84,727	93,200	91,867	20.1	
9	家電	40,790	44,870	51,995	11.4	
10	パソコン	64,563	71,020	73,429	16.0	
11	雑貨	60,818	66,900	71,479	15.6	
12	合計	405,443	445,990	457,694	100.0	
13						

その他の方法（行の削除）

◆ 行を選択→《ホーム》タブ→《セル》グループの ![削除] (セルの削除) の ▼ →《シートの行を削除》

列の削除

列を削除する方法は、次のとおりです。

◆ 列番号を右クリック→《削除》

行や列の挿入

行や列を挿入する場合には、挿入する位置の行番号や列番号で右クリックし、《挿入》を選択します。
複数の行や列を挿入する場合には、挿入する行数分の行番号または列数分の列番号を選択してから、選択した範囲で右クリックし、《挿入》を選択します。
行を挿入すると、もとの行は下側に、列を挿入すると、もとの列は右側に移動します。

	A	B	C	D	E	F
1	第1四半期売上管理表					
2					単位：千円	
3	部署名	4月	5月	6月	合計	
4	第1営業部	1,487	1,311	1,297	4,095	
5	第2営業部	2,433	2,736	2,604	7,773	
6	合計	3,920	4,047	3,901	11,868	
7						
8						

⇩ ＜ 行を挿入

	A	B	C	D	E	F
1	第1四半期売上管理表					
2					単位：千円	
3	部署名	4月	5月	6月	合計	
4	第1営業部	1,487	1,311	1,297	4,095	
5	第2営業部	2,433	2,736	2,604	7,773	
6						
7						
8	合計	3,920	4,047	3,901	11,868	
9						

新しい行が2行挿入され、
もとの行は下に移動

	A	B	C	D	E	F
1	第1四半期売上管理表					
2			単位：千円			
3	部署名	4月	合計			
4	第1営業部	1,487	1,487			
5	第2営業部	2,433	2,433			
6	合計	3,920	3,920			
7						

⇩ ＜ 列を挿入

	A	B	C	D	E	F
1	第1四半期売上管理表					
2					単位：千円	
3	部署名	4月			合計	
4	第1営業部	1,487			1,487	
5	第2営業部	2,433			2,433	
6	合計	3,920			3,920	
7						

新しい列が2列挿入され、
もとの列は右に移動

挿入オプション

○ 左側と同じ書式を適用(L)

○ 右側と同じ書式を適用(R)

○ 書式のクリア(C)

表内に挿入した行には、上の行と同じ書式が自動的に適用されます。行を挿入した直後に表示される ![挿入オプション] (挿入オプション)を使うと、書式をクリアしたり、下の行の書式を適用したりできます。

第1章
第2章
第3章
第4章
第5章
第6章
模擬試験
付録
索引

2 データのコピー・貼り付け

セルに入力されたデータを別のセルにコピーすることができます。
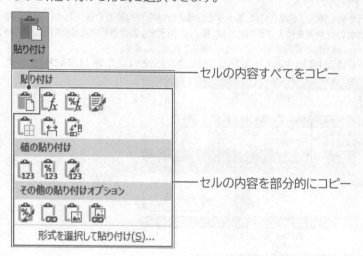（コピー）をクリックすると、選択しているセルのデータが「クリップボード」と呼ばれる
領域に一時的に記憶され、（貼り付け）をクリックすると、クリップボードに記憶され
ているデータが選択しているセルにコピーされます。
また、（貼り付け）の を使うと、値だけを貼り付けたり書式だけを貼り付けたりす
るなど、貼り付ける形式を選択できます。

―――― セルの内容すべてをコピー

―――― セルの内容を部分的にコピー

Let's Try　値のコピー・貼り付け

セル【E3】に、セル【D12】の売上金額の合計の値をコピーしましょう。

コピー元のセルを選択します。
①セル【D12】をクリックします。
②《ホーム》タブを選択します。
③《クリップボード》グループの（コピー）をクリックします。

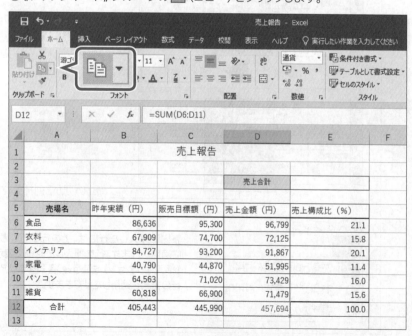

セル【D12】が点線で囲まれます。

コピー先のセルを選択します。

④セル【E3】をクリックします。

⑤《クリップボード》グループの ![貼り付け] (貼り付け) の ![貼り付け] をクリックします。

⑥《値の貼り付け》の ![値] (値) をクリックします。

値だけがコピーされます。

⑦数式バーに数式ではなく値が表示されていることを確認します。

※セル【E3】にはあらかじめ桁区切りスタイルが設定されています。

E3		▼	:	×	✓	fx	457694	
▲	A		B		C	D	E	F
1					売上報告			
2								
3						売上合計	457,694	
4								📋(Ctrl)▼
5	売場名		昨年実績（円）		販売目標額（円）	売上金額（円）	売上構成比（％）	
6	食品		86,636		95,300	96,799	21.1	
7	衣料		67,909		74,700	72,125	15.8	
8	インテリア		84,727		93,200	91,867	20.1	
9	家電		40,790		44,870	51,995	11.4	
10	パソコン		64,563		71,020	73,429	16.0	
11	雑貨		60,818		66,900	71,479	15.6	
12	合計		405,443		445,990	457,694	100.0	
13								
14								

💡 操作のポイント

その他の方法（コピー・貼り付け）
◆コピー元のセルを選択→ Ctrl + C →コピー先のセルを選択→ Ctrl + V

第1章
第2章
第3章
第4章
第5章
第6章
模擬試験
付録
索引

操作のポイント

貼り付けのオプション

データを貼り付けた直後に表示される <kbd>(Ctrl)▾</kbd>（貼り付けのオプション）を使っても、値だけを貼り付けたり書式だけを貼り付けたりするなど、貼り付ける形式を選択できます。<kbd>(Ctrl)▾</kbd>（貼り付けのオプション）を使わない場合は、[Esc]を押します。

データの移動

データを移動するには、[✂] （切り取り）を使います。[✂]（切り取り）をクリックすると、移動元のデータはクリップボードに記憶され、[📋]（貼り付け）をクリックすると、クリップボードに記憶されている内容がアクティブセルに移動します。
データを移動する方法は、次のとおりです。

◆移動元のセルを選択→《ホーム》タブ→《クリップボード》グループの [✂]（切り取り）→移動先のセルを選択→《クリップボード》グループの [📋]（貼り付け）

◆移動元のセルを選択→ [Ctrl] + [X] →移動先のセルを選択→ [Ctrl] + [V]

---

3 書式のコピー・貼り付け

[🖌]（書式のコピー/貼り付け）を使うと、セルに設定されているフォントやフォントサイズ、罫線、塗りつぶしの色、表示形式などの書式を簡単にコピーできます。

Let's Try 書式のコピー・貼り付け

セル範囲【B5:E5】に、セル【A5】の書式をコピーしましょう。

① セル【A5】をクリックします。

②《ホーム》タブを選択します。

③《クリップボード》グループの [🖌]（書式のコピー/貼り付け）をクリックします。
※マウスポインターの形が 🖌 に変わります。

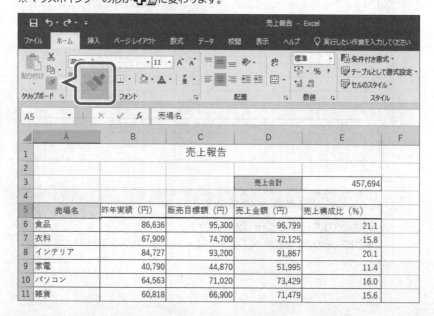

④セル範囲【B5:E5】をドラッグします。

書式だけがコピーされます。

※任意のセルをクリックし、選択を解除しておきましょう。

	A	B	C	D	E	F
1	売上報告					
2						
3				売上合計	457,694	
4						
5	売場名	昨年実績（円）	販売目標額（円）	売上金額（円）	売上構成比（%）	
6	食品	86,636	95,300	96,799	21.1	
7	衣料	67,909	74,700	72,125	15.8	
8	インテリア	84,727	93,200	91,867	20.1	
9	家電	40,790	44,870	51,995	11.4	
10	パソコン	64,563	71,020	73,429	16.0	
11	雑貨	60,818	66,900	71,479	15.6	

操作のポイント

書式のコピー/貼り付けの連続処理

ひとつの書式を複数の箇所に連続してコピーできます。コピー元のセルを選択し、■（書式のコピー/貼り付け）をダブルクリックして、貼り付け先のセルを選択する操作を繰り返します。

書式の連続コピーを終了するには、■（書式のコピー/貼り付け）を再度クリックします。

4 行・列の非表示

行や列は、一時的に非表示にできます。行や列を非表示にしても入力したデータは残っているので、必要なときに再表示すれば、もとの表示に戻ります。

Let's Try ### 列の非表示

B列の「昨年実績（円）」を非表示にしましょう。

①列番号【B】を右クリックします。

②《非表示》をクリックします。

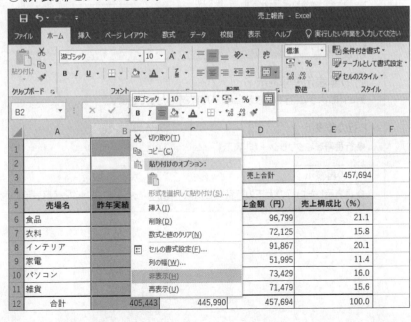

列が非表示になります。

	A	C	D	E	F	G	H
1			売上報告				
2							
3			売上合計	457,694			
4							
5	売場名	販売目標額（円）	売上金額（円）	売上構成比（%）			
6	食品	95,300	96,799	21.1			
7	衣料	74,700	72,125	15.8			
8	インテリア	93,200	91,867	20.1			
9	家電	44,870	51,995	11.4			
10	パソコン	71,020	73,429	16.0			
11	雑貨	66,900	71,479	15.6			
12	合計	445,990	457,694	100.0			
13							
14							

※ファイルに「売上報告完成」と名前を付けて、フォルダー「第4章」に保存し、閉じておきましょう。

 操作のポイント

その他の方法（列の非表示）

◆列を選択→《ホーム》タブ→《セル》グループの ⊞書式▼ （書式）→《非表示/再表示》→《列を表示しない》

列の再表示

列を再表示する方法は、次のとおりです。

◆再表示したい列の左右の列番号を選択→選択した列を右クリック→《再表示》

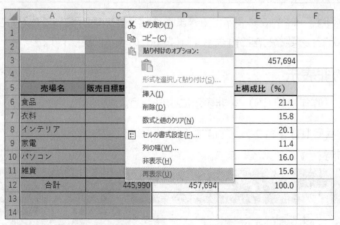

行の非表示・再表示

列と同じように、行も非表示にしたり再表示したりできます。

行の非表示

◆行番号を右クリック→《非表示》

行の再表示

◆再表示したい行の上下の行番号を選択→選択した行を右クリック→《再表示》

確認問題

第1章

第2章

第3章

第4章

第5章

第6章

模擬試験

付録

索引

実技科目

次の操作を行い、表を作成しましょう。

フォルダー「第4章」のファイル「スポーツクラブ会員数」を開いておきましょう。

❶ シート「入会者数」の表のタイトルを「店舗別新規入会者数」に変更し、表の幅の中央に配置しましょう。

❷「店舗別新規入会者数」表の項目名のすべての文字列が表示されるように、セル内で折り返して表示しましょう。

❸「店舗別新規入会者数」表の次のデータを修正しましょう。

店舗コード	8月	9月
KT-003	36	40

❹「店舗別新規入会者数」表に、次のデータを追加しましょう。追加する位置については、入力されているデータをよく確認して統一すること。

店舗コード	店舗名	目標（人）	4月	5月	6月	7月	8月	9月
KT-009	横浜	250	52	53	12	46	47	36

❺「店舗別新規入会者数」表の「合計（人）」を求めましょう。表の数値には桁区切りスタイルを設定すること。

❻「店舗別新規入会者数」表の「目標達成率（％）」を求めましょう。目標達成率の数値は小数点第1位まで表示すること。

❼「店舗別新規入会者数」表の「表彰」欄に、目標達成率が100％以上であれば「○」、それ以外のときは「×」が表示されるようにしましょう。

❽「店舗別新規入会者数」表の「評価」欄に、目標達成率が100％以上であれば「A」、90％以上であれば「B」、それ以外のときは「C」が表示されるようにしましょう。

❾「店舗別新規入会者数」表の「店舗コード」の列を非表示にしましょう。

❿ シート「会員数」の「性別・年代別会員数」表のセル【H8】に、右上がりの斜線を引きましょう。

⓫「性別・年代別会員数」表の「合計（人）」を求めましょう。表の数値には桁区切りスタイルを設定すること。

⓬「性別・年代別会員数」表の「構成比（％）」を求めましょう。構成比の数値は小数点第1位まで表示すること。

⓭「性別・年代別会員数」表の5～8行目の行の高さを「20」ポイントに調整しましょう。

⓮「性別・年代別会員数」表のA列の幅を「14」文字分に調整しましょう。

⓯作成した資料は「スポーツクラブ会員数」から「2021年度上期_会員数」とファイル名を変更して、「ドキュメント」内のフォルダー「日商PC データ活用3級 Excel2019／2016」内のフォルダー「第4章」に保存しましょう。

ファイル「スポーツクラブ会員数」の内容
●シート「入会者数」

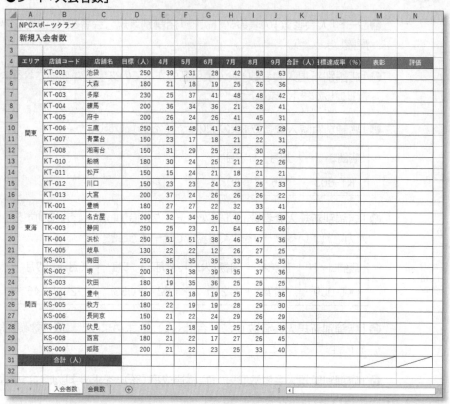

●シート「会員数」

	A	B	C	D	E	F	G	H	I
1	NPCスポーツクラブ								
2		性別・年代別会員数							
3									
4	性別	20代以下	30代	40代	50代	60代以上	合計（人）	構成比（%）	
5	男性	1938	1952	1354	1487	1987			
6	女性	2301	1453	987	784	512			
7	合計（人）								
8	構成比（%）								
9									
10									
11									

入会者数　会員数

Chapter

5

第5章
データの集計

作成するブックの確認

この章で作成するブックを確認します。

1 作成するブックの確認

次のようなExcelの機能を使って、集計表を作成します。

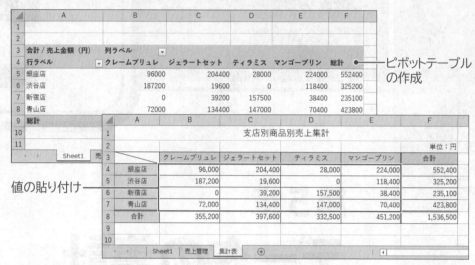

ピボットテーブルの作成

値の貼り付け

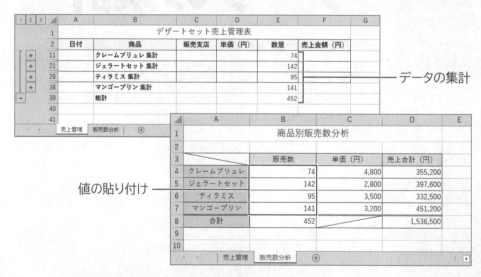

データの集計

値の貼り付け

SUMIF関数

AVERAGEIF関数

COUNTIF関数

第1章

第2章

第3章

第4章

第5章

第6章

模擬試験

付録

索引

データを集計する機能

Excelにはデータを集計するための機能が複数用意されています。実技科目の試験においても、集計結果が正しければ集計するために使用する機能は問われません。
ここでは、集計するための機能の種類と、それぞれの機能の特徴について理解しましょう。

1 Excelのデータを集計する機能

Excelでデータを集計する機能には、次のようなものがあります。

●ピボットテーブル

ピボットテーブルを使うと、大量のデータをさまざまな角度から集計したり分析したりできます。表の項目名をドラッグするだけで簡単に目的の集計表を作成できます。
「販売支店ごとに、商品別の売上金額を集計する」といったように、複数の項目を比較するときは、ピボットテーブルを使うと効率よく集計できます。

●集計機能

集計機能を使うと、表のデータをグループに分類して、グループごとの合計や平均を求めることができます。集計を実行すると、表に自動的に「アウトライン」が作成されるので、すべてのデータを表示したり、集計行だけを表示したりするなど、表の必要な部分のデータだけを表示できます。
「商品ごとの販売数量を集計する」といったように、同じ種類のデータの個数を求めるときなどは、集計機能を使うと効率よく集計できます。

1 2 3		A	B	C	D	E	F	G
	1		デザートセット売上管理表					
	2	日付	商品	販売支店	単価（円）	数量	売上金額（円）	
+	11		クレームブリュレ 集計			74		
+	21		ジェラートセット 集計			142		
+	29		ティラミス 集計			95		
+	38		マンゴープリン 集計			141		
-	39		総計			452		
	40							

●関数

関数を使うと、条件をもとに集計することができます。
集計を行う関数には、SUMIF関数、COUNTIF関数、AVERAGEIF関数などがあります。
関数を使って集計する場合、集計表にそのまま数式を入力できるので、ピボットテーブルや集計機能のように、別のシートで集計した値をコピーする手間が省けます。

データベースの表の構成

データを集計する際のもとデータとなる関連データをまとめた表を「データベース」といいます。
データベースは、「フィールド」と「レコード」から構成される次のような表にする必要があります。

日付	商品	販売支店	単価（円）	数量	売上金額（円）	
4月3日	マンゴープリン	渋谷店	3,200	32	102,400	❶
4月9日	クレームブリュレ	銀座店	4,800	5	24,000	
4月9日	ティラミス	青山店	3,500	10	35,000	❷
4月14日	ティラミス	青山店	3,500	15	52,500	
4月16日	ジェラートセット	新宿店	2,800	9	25,200	
4月16日	ジェラートセット	青山店	2,800	45	126,000	❸
4月23日	マンゴープリン	渋谷店	3,200	5	16,000	

❶列見出し（フィールド名）

データを分類する項目名です。
列見出しを必ず設定し、レコード部分と異なる書式にします。

❷フィールド

列単位のデータです。
列見出しに対応した同じ種類のデータを入力します。

❸レコード

行単位のデータです。
1件分のデータを横1行で入力します。

データベースの表作成時の注意点

データベース用の表を作成するとき、次のような点に注意しましょう。

●表に隣接するセルには、データを入力しない

データベースのセル範囲を自動的に認識させるには、表に隣接するセルを空白にしておきます。
セル範囲を手動で選択する手間が省けるので、効率的に操作できます。

●1枚のシートにひとつの表を作成する

1枚のシートに複数の表が作成されている場合、一方の抽出結果が、もう一方に影響することがあります。できるだけ、1枚のシートにひとつの表を作成するようにしましょう。

●先頭行は列見出しにする

表の先頭行には、必ず列見出しを入力します。
列見出しをもとに、並べ替えや集計が実行されます。

●列見出しは異なる書式にする

列見出しは、太字にしたり塗りつぶしの色を設定したりして、レコードと異なる書式にします。
先頭行が列見出しであるかレコードであるかは、書式が異なるかどうかによって認識されます。

●フィールドには同じ種類のデータを入力する

ひとつのフィールドには、同じ種類のデータを入力します。文字列と数値を混在させないようにしましょう。

●1件分のデータは横1行で入力する

1件分のデータを横1行に入力します。複数行に分けて入力すると、意図したとおりに並べ替えや集計が行われません。

●セルの先頭に余分な空白は入力しない

セルの先頭に余分な空白を入力してはいけません。余分な空白が入力されていると、意図したとおりに並べ替えや集計が行われないことがあります。

インデント

セルの先頭を字下げする場合、《ホーム》タブ→《配置》グループの ⊞ （インデントを増やす）を字下げする文字数分クリックします。インデントを設定しても、実際のデータは変わらないので、並べ替えや集計に影響しません。

3 ピボットテーブルによる集計

ここでは、ピボットテーブルを作成・編集する方法について説明します。また、最終的に集計表にデータをコピーする手順についても確認します。

1 ピボットテーブルの作成

ピボットテーブルを作成するには、集計元データの表の項目名を行や列、値といったピボットテーブルの各要素に配置します。
ピボットテーブルには、次の要素があります。

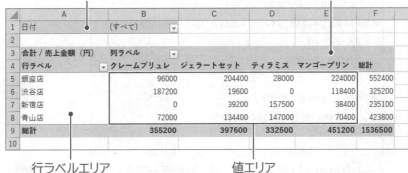

レポートフィルターエリア

列ラベルエリア

	A	B	C	D	E	F
1	日付	(すべて)				
2						
3	合計 / 売上金額（円）	列ラベル				
4	行ラベル	クレームブリュレ	ジェラートセット	ティラミス	マンゴープリン	総計
5	銀座店	96000	204400	28000	224000	552400
6	渋谷店	187200	19600	0	118400	325200
7	新宿店	0	39200	157500	38400	235100
8	青山店	72000	134400	147000	70400	423800
9	総計	355200	397600	332500	451200	1536500
10						

行ラベルエリア　　　**値エリア**

Let's Try ピボットテーブルの作成

次のようにフィールドを配置して、シート「売上管理」のデータを商品別・売上日別に売上金額を集計しましょう。

> 列ラベルエリア　：商品
> 行ラベルエリア　：日付
> 値エリア　　　　：売上金額(円)

 フォルダー「第5章」のファイル「データの集計-1」を開いておきましょう。

①シート「売上管理」のセル【A2】をクリックします。
※表内のセルであれば、どこでもかまいません。
②《挿入》タブを選択します。
③《テーブル》グループの 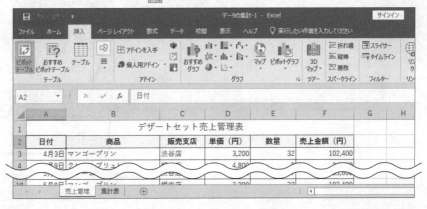 （ピボットテーブル）をクリックします。

《ピボットテーブルの作成》ダイアログボックスが表示されます。

④《テーブルまたは範囲を選択》を◉にします。

⑤《テーブル/範囲》に「売上管理!$A$2:$F$34」と表示されていることを確認します。

⑥《新規ワークシート》を◉にします。

⑦《OK》をクリックします。

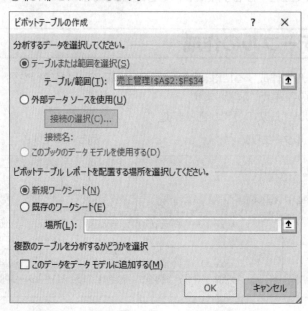

シート「Sheet1」が挿入され、《ピボットテーブルのフィールド》作業ウィンドウが表示されます。

⑧《ピボットテーブルのフィールド》作業ウィンドウの「商品」を《列》のボックスにドラッグします。

⑨「日付」を《行》のボックスにドラッグします。

⑩「売上金額（円）」を《値》のボックスにドラッグします。

⑪「売上金額（円）」の集計方法が《合計》になっていることを確認します。

商品別と売上日別に売上金額を集計するピボットテーブルが作成されます。

《ピボットテーブルのフィールド》作業ウィンドウ

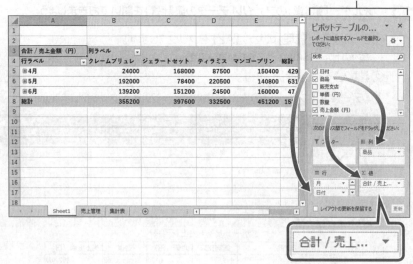

操作のポイント

分析するデータの範囲

ピボットテーブルを作成する場合、集計元データの表内にアクティブセルを移動しておくと、自動的に範囲が認識されます。

下の図のように集計元データの最終行に合計欄がある場合、合計欄を含めてピボットテーブルを作成すると、正しく集計できないことがあります。最終行の合計欄は、範囲に含めないようにしましょう。

合計欄以外を選択して、ピボットテーブルを作成

▲	A	B	C	D	E	F	G
1			デザートセット売上管理表				
2	日付	商品	販売支店	単価（円）	数量	売上金額（円）	
3	4月3日	マンゴープリン	渋谷店	3,200	32	102,400	
4	4月9日	クレームブリュレ	銀座店	4,800	5	24,000	
5	4月9日	ティラミス	青山店	3,500	10	35,000	
6	4月14日	ティラミス	青山店	3,500	15	52,500	
7	4月16日	ジェラートセット	新宿店	2,800	9	25,200	
8	4月16日	ジェラートセット	青山店	2,800	45	126,000	
9	4月23日	マンゴープリン	渋谷店	3,200	5	16,000	
10	4月26日	ジェラートセット	銀座店	2,800	6	16,800	
29	6月21日	マンゴープリン	新宿店	3,200	12	38,400	
30	6月21日	ジェラートセット	渋谷店	2,800	7	19,600	
31	6月24日	ティラミス	青山店	3,500	6	21,000	
32	6月27日	マンゴープリン	銀座店	3,200	30	96,000	
33	6月27日	ジェラートセット	銀座店	2,800	45	126,000	
34	6月28日	クレームブリュレ	渋谷店	4,800	9	43,200	
35		合計			452	1,536,500	
36							

値エリアの集計方法

値エリアの集計方法は、値エリアに配置するフィールドのデータの種類によって異なります。
初期の設定では、次のように集計されますが、集計方法はあとから変更できます。

データの種類	集計方法
数値	合計
文字列	データの個数
日付	データの個数

値エリアの集計方法を変更する方法は、次のとおりです。

◆《ピボットテーブルのフィールド》作業ウィンドウの《値》のボックスのフィールドをクリック→《値フィールドの設定》→《集計方法》タブ

◆値エリアのセルを選択→《分析》タブ→《アクティブなフィールド》グループの `🛈 フィールドの設定` （フィールドの設定）→《集計方法》タブ

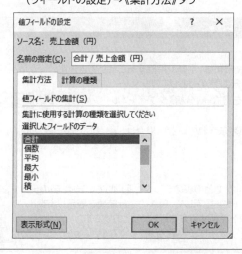

126

2 フィールドの詳細表示

フィールドに日付のデータを配置すると、日付が自動的にグループ化され、月ごとのデータが表示されます。

必要に応じて、日ごとのデータを表示したり、月ごとのデータを表示したりできます。

Let's Try 日付の詳細表示

4月を日ごとの表示にし、詳細データを確認しましょう。

①「4月」の左の ⊞ をクリックします。

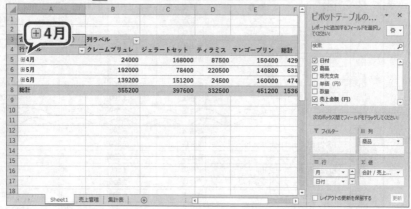

4月の詳細データが表示されます。

※「4月」の左の ⊟ をクリックし、月ごとの表示にしておきましょう。

💡 操作のポイント

グループ化の解除

自動的にグループ化された日付は、手動で解除することができます。
グループ化を解除する方法は、次のとおりです。

◆ グループ化されたセルを選択→《分析》タブ→《グループ》グループの [グループ解除] （グループ解除）

※《グループ》グループが表示されていない場合は、 （ピボットテーブルグループ）をクリックします。

データの更新

作成したピボットテーブルは、もとの表のデータと連動しています。表のデータを変更した場合には、ピボットテーブルのデータを更新して、最新の集計結果を表示します。
ピボットテーブルのデータを更新する方法は、次のとおりです。

◆ ピボットテーブル内のセルをクリック→《分析》タブ→《データ》グループの （更新）

3 レイアウトの変更

ピボットテーブルは、作成後にフィールドを追加したり、フィールドを削除したりして簡単にレイアウトを変更できます。

Let's Try フィールドの追加

各エリアには、複数のフィールドを配置できます。
行ラベルエリアに「販売支店」を追加して、販売支店ごとに月別の売上金額が集計されるようにしましょう。

①《ピボットテーブルのフィールド》作業ウィンドウの「販売支店」を《行》のボックスの「月」の上にドラッグします。

行ラベルエリアに「販売支店」のデータが追加されます。

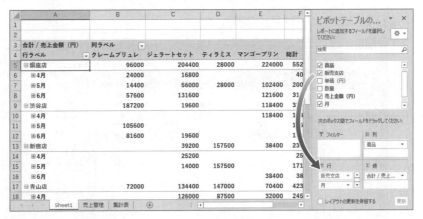

Let's Try フィールドの削除

不要なフィールドは、削除できます。
行ラベルエリアから「日付」と「月」を削除しましょう。

①《ピボットテーブルのフィールド》作業ウィンドウの《行》のボックスの「日付」をクリックします。
②《フィールドの削除》をクリックします。

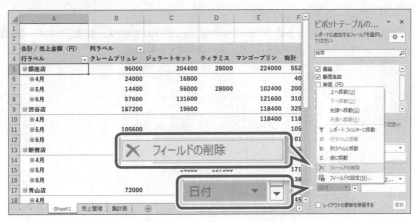

行ラベルエリアから「日付」が削除されます。

③《行》のボックスの「月」をクリックします。

④《フィールドの削除》をクリックします。

行ラベルエリアから「月」が削除されます。

操作のポイント

その他の方法（フィールドの削除）

◆《ピボットテーブルのフィールド》作業ウィンドウのフィールド名を □ にする

◆《ピボットテーブルのフィールド》作業ウィンドウのボックス内のフィールド名を作業ウィンドウ
　以外の場所にドラッグ

フィールドの入れ替え

《ピボットテーブルのフィールド》作業ウィンドウのボックスに配置したフィールドは、別のエリア
のボックスにドラッグすることで入れ替えができます。

第1章

第2章

第3章

第4章

第5章

第6章

模擬試験

付録

索引

4　ピボットテーブルオプションの設定

集計の結果、該当する値がない項目については、値エリアに何も表示されません。
《ピボットテーブルオプション》ダイアログボックスを使うと、値エリアを空白にするのではなく、「0（ゼロ）」を表示するように設定できます。

Let's Try　空白セルに値を表示

値エリアの空白セルに「0」を表示しましょう。

①シート「Sheet1」のセル【B5】をクリックします。
※ピボットテーブル内のセルであれば、どこでもかまいません。
②《分析》タブを選択します。
③《ピボットテーブル》グループの　🖽 オプション　（ピボットテーブルオプション）をクリックします。
※《ピボットテーブル》グループが表示されていない場合は、🖽（ピボットテーブル）をクリックします。

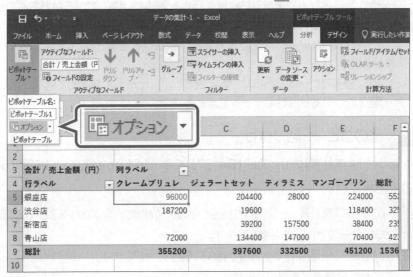

《ピボットテーブルオプション》ダイアログボックスが表示されます。

④《レイアウトと書式》タブを選択します。
⑤《空白セルに表示する値》を✔にし、「0」と入力します。
⑥《OK》をクリックします。

値エリアの空白セルに0が表示されます。

	A	B	C	D	E	F
1						
2						
3	合計 / 売上金額（円）	列ラベル				
4	行ラベル	クレームブリュレ	ジェラートセット	ティラミス	マンゴープリン	総計
5	銀座店	96000	204400	28000	224000	552400
6	渋谷店	187200	19600	0	118400	325200
7	新宿店	0	39200	157500	38400	235100
8	青山店	72000	134400	147000	70400	423800
9	総計	355200	397600	332500	451200	1536500
10						
11						
12						

5 集計表へのデータのコピー

ピボットテーブルで集計した結果を、別のシートに用意してある集計表にコピーします。
ピボットテーブルの値エリアのセルをコピーすると、罫線や書式を含むすべての情報がコピーされます。貼り付け先の表の罫線や書式などを崩さないように、値だけを貼り付けるとよいでしょう。
また、値をコピーする前には、集計表とピボットテーブルの表の構成が同じであるかも確認し、同じであれば数値データをまとめてコピーします。

Let's Try 値のコピー・貼り付け

シート「集計表」のセル範囲【B4:E7】に、シート「Sheet1」のセル範囲【B5:E8】の値をコピーしましょう。

①シート「集計表」とシート「Sheet1」の表の構成が同じであることを確認します。

コピー元のセル範囲を選択します。

②シート「Sheet1」のセル範囲【B5:E8】を選択します。

③《ホーム》タブを選択します。

④《クリップボード》グループの [コピー] (コピー) をクリックします。

コピー先のセルを選択します。

⑤シート「集計表」のセル【B4】をクリックします。

⑥《クリップボード》グループの [貼り付け] (貼り付け) の 貼り付け をクリックします。

⑦《値の貼り付け》の [値] (値) をクリックします。

値だけがコピーされます。

※合計欄には、あらかじめ数式が設定されています。
※任意のセルをクリックし、選択を解除しておきましょう。

	A	B	C	D	E	F	G
1			支店別商品別売上集計				
2						単位：円	
3		クレームブリュレ	ジェラートセット	ティラミス	マンゴープリン	合計	
4	銀座店	96000	204400	28000	224000	552400	
5	渋谷店	187200	19600	0	118400	325200	
6	新宿店	0	39200	157500	38400	235100	
7	青山店	72000	134400	147000	70400	423800	
8	合計	355200	397600	332500	451200	1536500	
9							
10							
11							

Sheet1　売上管理　集計表　⊕

操作のポイント

ピボットテーブルの並べ替え

列ラベルエリア・行ラベルエリアの ▼ を使うと、項目を昇順または降順に並べ替えることができます。

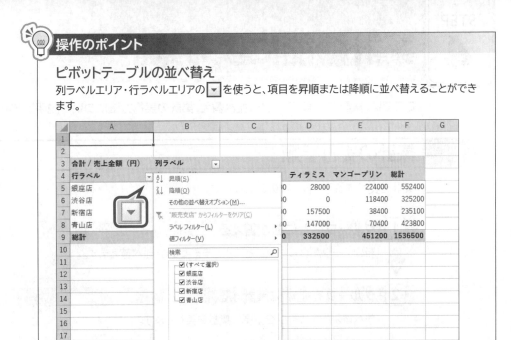

Let's Try 桁区切りスタイルの設定

表の数値が4桁以上の場合には、桁区切りスタイルを設定して、数値を読み取りやすくします。

シート「**集計表**」のセル範囲【B4：F8】の数値に桁区切りスタイルを設定しましょう。

①シート「**集計表**」のセル範囲【B4：F8】を選択します。

②《**ホーム**》タブを選択します。

③《**数値**》グループの , (桁区切りスタイル) をクリックします。

数値に3桁区切りカンマが付きます。

※任意のセルをクリックし、選択を解除しておきましょう。

	A	B	C	D	E	F	G
1				支店別商品別売上集計			
2						単位：円	
3		クレームブリュレ	ジェラートセット	ティラミス	マンゴープリン	合計	
4	銀座店	96,000	204,400	28,000	224,000	552,400	
5	渋谷店	187,200	19,600	0	118,400	325,200	
6	新宿店	0	39,200	157,500	38,400	235,100	
7	青山店	72,000	134,400	147,000	70,400	423,800	
8	合計	355,200	397,600	332,500	451,200	1,536,500	
9							
10							
11							

Sheet1 売上管理 集計表 ⊕

※ファイルに「データの集計-1完成」と名前を付けて、フォルダー「第5章」に保存し、閉じておきましょう。

STEP 4 集計機能による集計

ここでは、集計の手順、データの並べ替え、集計の実行方法について説明します。

1 集計の実行手順

集計を実行する手順は、次のとおりです。

1 グループごとに並べ替える

表のデータがグループごとにまとまるように、並べ替えます。

2 グループを基準に集計する

並べ替えたグループを基準に集計を実行します。

2 データの並べ替え

集計を実行するには、あらかじめ集計するグループごとに表のデータを並べ替えておく必要があります。商品別の販売数を集計するために、「商品」を基準にして、表を並べ替えます。

Let's Try データの並べ替え

シート「売上管理」の表を「商品」の昇順に並べ替えましょう。

 OPEN フォルダー「第5章」のファイル「データの集計-2」を開いておきましょう。

並べ替えの基準となるセルを選択します。

①シート「売上管理」のセル【B2】をクリックします。

※表内のB列であれば、どこでもかまいません。

②《データ》タブを選択します。

③《並べ替えとフィルター》グループの [A↓] (昇順) をクリックします。

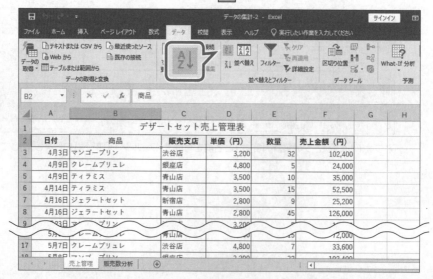

商品名の昇順に並べ替えられます。

	A	B	C	D	E	F	G	H
1		デザートセット売上管理表						
2	日付	商品	販売支店	単価（円）	数量	売上金額（円）		
3	4月9日	クレームブリュレ	銀座店	4,800	5	24,000		
4	5月3日	クレームブリュレ	渋谷店	4,800	15	72,000		
5	5月5日	クレームブリュレ	青山店	4,800	15	72,000		
6	5月7日	クレームブリュレ	渋谷店	4,800	7	33,600		
7	5月27日	クレームブリュレ	銀座店	4,800	3	14,400		
8	6月14日	クレームブリュレ	銀座店	4,800	12	57,600		
9	6月16日	クレームブリュレ	渋谷店	4,800	8	38,400		
10	6月28日	クレームブリュレ	渋谷店	4,800	9	43,200		
11	4月16日	ジェラートセット	新宿店	2,800	9	25,200		
12	4月16日	ジェラートセット	青山店	2,800	45	126,000		
13	4月26日	ジェラートセット	銀座店	2,800	6	16,800		
14	5月2日	ジェラートセット	銀座店	2,800	20	56,000		
15	5月4日	ジェラートセット	新宿店	2,800	5	14,000		
16	5月28日	ジェラートセット	青山店	2,800	3	8,400		
17	6月5日	ジェラートセット	銀座店	2,800	2	5,600		
18	6月21日	ジェラー	渋谷店	2,800	7	19,600		

売上管理　販売数分析　⊕

💡 操作のポイント

昇順と降順

●昇順

データ	順序
数値	0→9
英字	A→Z
日付	古→新
かな	あ→ん
JISコード	小→大

●降順

データ	順序
数値	9→0
英字	Z→A
日付	新→古
かな	ん→あ
JISコード	大→小

※空白セルは、昇順でも降順でも表の末尾に並びます。

その他の方法（昇順・降順で並べ替え）
◆基準となるセルを選択→《データ》タブ→《並べ替えとフィルター》グループの 🔲（並べ替え）
◆基準となるセルを右クリック→《並べ替え》→《昇順》または《降順》

並べ替えの対象範囲
表内にアクティブセルを移動しておくと、自動的に表全体が並べ替えの対象範囲として認識されます。
表の一部分だけを並べ替えるような場合には、あらかじめ範囲を選択してから、🔲（並べ替え）
を使って並べ替えを実行します。

複数条件による並べ替え
「商品名の昇順に並べ替え、商品名が同じ場合は売上金額が高い順（降順）に並べ替える」といった複数の条件で並べ替える場合には、🔲（並べ替え）を使います。
🔲（並べ替え）をクリックすると、《並べ替え》ダイアログボックスが表示され、最大64レベルまで条件（キー）を設定できます。
条件（キー）を追加するには、《並べ替え》ダイアログボックスの《レベルの追加》をクリックします。

3　集計の実行

並べ替えたグループを基準に集計を実行します。

Let's Try 集計の実行

「商品」ごとの「数量」の合計を表示する集計行を追加しましょう。

①シート「売上管理」のセル【A2】をクリックします。
※表内のセルであれば、どこでもかまいません。
②《データ》タブを選択します。
③《アウトライン》グループの [小計] をクリックします。
※《アウトライン》グループが表示されていない場合は、[アウトライン] をクリックします。

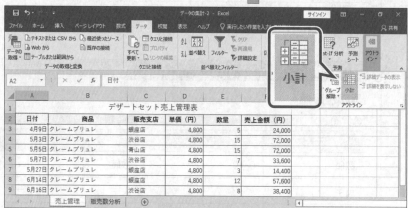

《集計の設定》ダイアログボックスが表示されます。

④《グループの基準》の をクリックし、一覧から「商品」を選択します。

⑤《集計の方法》が《合計》になっていることを確認します。

⑥《集計するフィールド》の「数量」を ✓ にします。

⑦「売上金額 (円)」を にします。

⑧《OK》をクリックします。

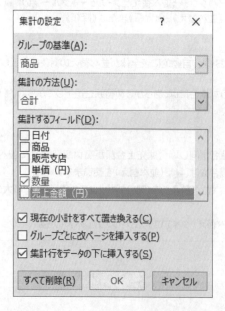

「**商品**」ごとに集計行が追加され、「**数量**」の合計が表示されます。

※39行目に、全体の合計を表示する集計行「総計」が追加されます。

※集計を実行すると、アウトラインが自動的に作成され、行番号の左側にアウトライン記号が表示されます。

	A	B	C	D	E	F	G	H
1			デザートセット売上管理表					
2	日付	商品	販売支店	単価（円）	数量	売上金額（円）		
3	4月9日	クレームブリュレ	銀座店	4,800	5	24,000		
4	5月3日	クレームブリュレ	渋谷店	4,800	15	72,000		
5	5月5日	クレームブリュレ	青山店	4,800	15	72,000		
6	5月7日	クレームブリュレ	渋谷店	4,800	7	33,600		
7	5月27日	クレームブリュレ	銀座店	4,800	3	14,400		
8	6月14日	クレームブリュレ	銀座店	4,800	12	57,600		
9	6月16日	クレームブリュレ	渋谷店	4,800	8	38,400		
10	6月28日	クレームブリュレ	渋谷店	4,800	9	43,200		
11		クレームブリュレ 集計			74			
12	4月16日	ジェラートセット	新宿店	2,800	9	25,200		
~~13~~	~~ジェラ~~	~~青山店~~						
19	6月21日	~~ットセット~~		2,800	7	19,600		
20	6月27日	ジェラートセット	銀座店	2,800	45	126,000		
21		ジェラートセット 集計			142			

売上管理　販売数分析　⊕

操作のポイント

集計行の数式

集計行のセルには、SUBTOTAL関数が自動的に設定されます。

| E11 | | ✕ ✓ fx | =SUBTOTAL(9,E3:E10) |

$$=SUBTOTAL(9,E3:E10)$$

	A	B	C	D	E	F	H
1			デザートセット売上管理表				
2	日付	商品	販売支店	単価（円）	数量	売上金額（円）	
3	4月9日	クレームブリュレ	銀座店	4,800	5	24,000	
4	5月3日	クレームブリュレ	渋谷店	4,800	15	72,000	
5	5月5日	クレームブリュレ	青山店	4,800	15	72,000	
6	5月7日	クレームブリュレ	渋谷店	4,800	7	33,600	
7	5月27日	クレームブリュレ	銀座店	4,800	3	14,400	
8	6月14日	クレームブリュレ	銀座店	4,800	12	57,600	
9	6月16日	クレームブリュレ	渋谷店	4,800	8	38,400	
10	6月28日	クレームブリュレ	渋谷店	4,800	9	43,200	
11		クレームブリュレ 集計			74		
12	4月16日	ジェラートセット	新宿店	2,800	9	25,200	

集計行の削除

集計行を削除して、もとの表に戻す方法は、次のとおりです。

◆表内のセルを選択→《データ》タブ→《アウトライン》グループの ⊞ （小計）→《すべて削除》

※《アウトライン》グループが表示されていない場合は、⊞（アウトライン）をクリックします。

集計の設定	? ✕

グループの基準(**A**):

商品	∨

集計の方法(**U**):

合計	∨

集計するフィールド(**D**):

☐ 日付
☐ 商品
☐ 販売支店
☐ 単価（円）
☑ 数量
☐ 売上金額（円）

☑ 現在の小計をすべて置き換える(**C**)

☐ グループごとに改ページを挿入する(**P**)

☑ 集計行をデータの下に挿入する(**S**)

| すべて削除(**R**) | OK | キャンセル |

第1章

第2章

第3章

第4章

第5章

第6章

模擬試験

付録

索引

4　集計表へのデータのコピー

集計機能で集計した結果を、別のシートに用意してある集計表にコピーします。

❶ アウトラインの操作

集計を実行すると、表に自動的に「アウトライン」が作成されます。
アウトラインが作成された表は構造によって階層化され、行や列にレベルが設定されます。
必要に応じて、上位レベルだけを表示したり、全レベルを表示したりできます。
アウトライン記号の役割は、次のとおりです。

❶指定したレベルのデータを表示します。
❷グループの詳細データを表示します。
❸グループの詳細データを非表示にします。
❹グループの詳細データを非表示にします。

Let's Try 集計行の表示

アウトライン記号を使って商品ごとの集計行を表示しましょう。

①行番号の左の 2 をクリックします。

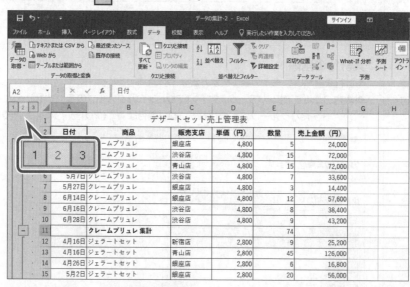

商品ごとの集計行が表示されます。

② 値のコピー・貼り付け

アウトラインの下位レベルを折りたたんだ状態でセルのコピーを行うと、非表示部分の行もコピーされてしまいます。シート上に見えているセル（可視セル）だけをコピーするには、「可視セル」の設定を行ってから、コピー操作を行います。
また、集計行には数式が設定されているため、集計表へは値を貼り付けます。

Let's Try 可視セルのコピー

シート「売上管理」のセル【E11】、セル【E21】、セル【E29】、セル【E38】だけをコピーできるように可視セルを設定し、シート「販売数分析」のセル範囲【B4:B7】に値をコピーしましょう。

①シート「売上管理」のセル範囲【E11:E38】を選択します。
②《ホーム》タブを選択します。
③《編集》グループの ▨ （検索と選択）をクリックします。
④《条件を選択してジャンプ》をクリックします。

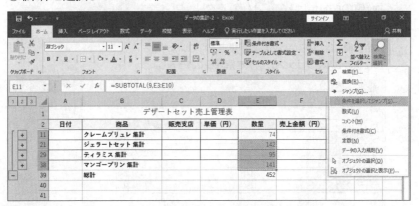

《選択オプション》ダイアログボックスが表示されます。
⑤《可視セル》を ⦿ にします。
⑥《OK》をクリックします。

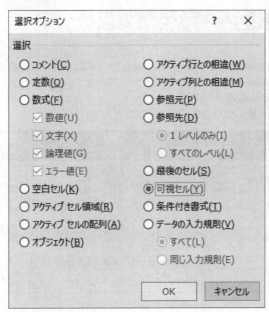

第1章

第2章

第3章

第4章

第5章

第6章

模擬試験

付録

索引

セル【E11】、セル【E21】、セル【E29】、セル【E38】だけが選択された状態になります。
※ほかのセルをクリックすると可視セルの設定が解除されるので、注意しましょう。

1 2 3		A	B	C	D	E	F	G	H
	1			デザートセット売上管理表					
	2	日付	商品	販売支店	単価（円）	数量	売上金額（円）		
+	11		クレームブリュレ 集計			74			
+	21		ジェラートセット 集計			142			
+	29		ティラミス 集計			95			
+	38		マンゴープリン 集計			141			
-	39		総計			452			
	40								
	41								
	42								
	43								
	44								
	45								
	46								
	47								

⑦《クリップボード》グループの （コピー）をクリックします。

⑧シート「販売数分析」のセル【B4】をクリックします。

⑨《クリップボード》グループの （貼り付け）の をクリックします。

⑩《値の貼り付け》の （値）をクリックします。

可視セルの値だけがコピーされます。

※合計欄には、あらかじめ数式が設定されています。
※任意のセルをクリックし、選択を解除しておきましょう。

	A	B	C	D	E	F	G	H
1		商品別販売数分析						
2								
3		販売数	単価（円）	売上合計（円）				
4	クレームブリュレ	74	4,800	355,200				
5	ジェラートセット	142	2,800	397,600				
6	ティラミス	95	3,500	332,500				
7	マンゴープリン	141	3,200	451,200				
8	合計	452		1,536,500				
9								
10								

| ◀ ▶ | 売上管理 | 販売数分析 | ⊕ | ┊ | ◀ | |

※ファイルに「データの集計-2完成」と名前を付けて、フォルダー「第5章」に保存し、閉じておきましょう。

操作のポイント

フィルター

「フィルター」を使うと、条件を満たすレコードだけを抽出できます。条件を満たすレコードだけが
表示され、条件を満たさないレコードは一時的に非表示になります。
フィルターを実行する方法は、次のとおりです。

◆《データ》タブ→《並べ替えとフィルター》グループの （フィルター）

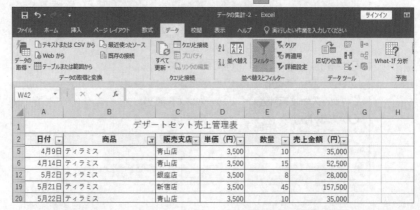

関数による集計

ここでは、SUMIF関数、COUNTIF関数、AVERAGEIF関数について説明します。

第1章

第2章

第3章

第4章

第5章

第6章

模擬試験

付録

索引

1 SUMIF関数

SUMIF関数を使うと、条件を満たしているセルの数値を合計することができます。

```
●SUMIF関数

=SUMIF(範囲, 検索条件, 合計範囲)
        ❶      ❷         ❸
```

❶範囲
検索の対象となるセル範囲を指定します。

❷検索条件
検索条件を文字列またはセル、数値、数式で指定します。
※文字列や不等号を指定する場合は、「"=3000"」「">15"」などのように「"(ダブルクォーテーション)」で囲みます。

❸合計範囲
合計を求めるセル範囲を指定します。
※範囲内の文字列や空白セルは計算の対象になりません。
※省略できます。省略すると❶範囲が対象になります。

 販売数の集計

SUMIF関数を使用して、シート「販売数分析」のセル範囲【B4:B7】に、シート「売上管理」の「数量」を「販売支店」ごとに集計しましょう。

OPEN フォルダー「第5章」のファイル「データの集計-3」を開いておきましょう。

①シート「販売数分析」のセル【B4】に「=SUMIF(」と入力します。

SUM	▼	× ✓ fx	=SUMIF(					
▲	A	B				F	G	H
1		支店別販売数分析						
2								
3		販売数	売上平均（円）					
4	銀座店	=SUMIF(						
5	渋谷店	SUMIF(範囲, 検索条件, [合計範囲])						
6	新宿店							
7	青山店							
8	全体	0	48,016					
9								
10								
11	販売数30以上							
12								
13								
		売上管理　販売数分析　⊕				◀		

②シート「売上管理」のセル範囲【C3:C34】を選択します。

※別のシートを参照すると、シート名とセル範囲が「!」で区切られて表示されます。

③ [F4] を押します。

※数式をコピーしたときに条件範囲が常に同じセル範囲を参照するように、絶対参照「$C$3:$C$34」にします。

C3	▼	:	× ✓ fx	=SUMIF(売上管理!$C$3:$C$34		
	A	B	C	D	E	F	G
22	5月28日	ジェラートセット	青山店			
23	5月30日	マンゴープリン	青山店			
24	6月1日	マンゴープリン	銀座店			
25	6月1日	ティラミス	青山店	3,500	1	3,500
26	6月5日	ジェラー SUMIF(範囲, 検索条件, [合計範囲])		2,800	2	5,600
27	6月14日	クレームブリュレ	銀座店	4,800	12	57,600
28	6月16日	クレームブリュレ	渋谷店	4,800	8	38,400
29	6月21日	マンゴープリン	新宿店	3,200	12	38,400
30	6月21日	ジェラートセット	渋谷店	2,800	7	19,600
31	6月24日	ティラミス	青山店	3,500	6	21,000
32	6月27日	マンゴープリン	銀座店	3,200	30	96,000
33	6月27日	ジェラートセット	銀座店	2,800	45	126,000
34	6月28日	クレームブリュレ	渋谷店	4,800	9	43,200

=SUMIF(売上管理!$C$3:$C$34

売上管理 | 販売数分析

④数式の続きに「,」を入力します。

⑤シート「販売数分析」のセル【A4】をクリックします。

⑥数式の続きに「,」を入力します。

⑦シート「売上管理」のセル範囲【E3:E34】を選択します。

⑧ [F4] を押します。

※数式をコピーしたときに合計範囲が常に同じセル範囲を参照するように、絶対参照「$E$3:$E$34」にします。

⑨数式の続きに「)」を入力します。

⑩数式バーに「=SUMIF(売上管理!$C$3:$C$34,販売数分析!A4,売上管理!$E$3:$E$34)」と表示されていることを確認します。

SUM	▼	:	× ✓ fx	=SUMIF(売上管理!$C$3:$C$34,販売数分析!A4,売上管理!$E$3:$E$34)		
	A	B	C	D	E	F	G
22	5月28日	ジェラートセット	青山店	2,800	3	8,400

=SUMIF(売上管理!$C$3:$C$34,販売数分析!A4,売上管理!$E$3:$E$34)

26	6月5日	ジェラートセット	銀座店	2,800	2	5,600
27	6月14日	クレームブリュレ	銀座店	4,800	12	57,600
28	6月16日	クレームブリュレ	渋谷店	4,800	8	38,400
29	6月21日	マンゴープリン	新宿店	3,200	12	38,400
30	6月21日	ジェラートセット	渋谷店	2,800	7	19,600
31	6月24日	ティラミス	青山店	3,500	6	21,000
32	6月27日	マンゴープリン	銀座店	3,200	30	96,000
33	6月27日	ジェラートセット	銀座店	2,800	45	126,000
34	6月28日	クレームブリュレ	渋谷店	4,800	9	43,200

売上管理 | 販売数分析

⑪ [Enter] を押します。

⑫セル【B4】を選択し、セル右下の■(フィルハンドル)をダブルクリックします。

※数式がセル【B7】までコピーされます。

⑬ (オートフィルオプション)をクリックします。

※ をポイントすると、 になります。

⑭《書式なしコピー（フィル）》をクリックします。

数式がコピーされ、販売支店ごとの販売数が表示されます。

※8行目の全体欄には、あらかじめ数式が設定されています。

	A	B	C	D	E	F	G	H
1		支店別販売数分析						
2								
3		販売数	売上平均（円）					
4	銀座店	171						
5	渋谷店	83						
6	新宿店	71						
7	青山店	127						
8	全体	452	48,016					
9								

💡 操作のポイント

効率的なセル範囲の選択

条件範囲や合計対象範囲など、データが連続する大きなセル範囲を選択する場合、開始セルを選択後、[Ctrl]＋[Shift]＋[↓]を押すと効率よくセル範囲を選択できます。

2 AVERAGEIF関数

AVERAGEIF関数を使うと、条件を満たしているセルの数値を平均することができます。

●AVERAGEIF関数

=AVERAGEIF (範囲, 条件, 平均対象範囲)
     ❶ ❷   ❸

❶範囲
検索の対象となるセル範囲を指定します。

❷条件
検索条件を文字列またはセル、数値、数式で指定します。

※文字列や不等号を指定する場合は、「"=3000"」「">15"」などのように「"（ダブルクォーテーション）」で囲みます。

❸平均対象範囲
平均を求めるセル範囲を指定します。

※範囲内の文字列や空白セルは計算の対象になりません。
※省略できます。省略すると❶範囲が対象になります。

Let's Try 売上平均の集計

AVERAGEIF関数を使用して、シート「販売数分析」のセル範囲【C4:C7】に、シート「売上管理」の「売上金額（円）」の平均を「販売支店」ごとに集計しましょう。

①シート「販売数分析」のセル【C4】に「=AVERAGEIF(」と入力します。

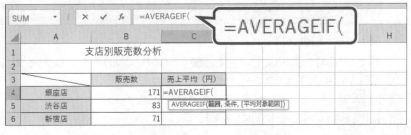

SUM	▼ :	× ✓ fx	=AVERAGEIF(			
	A	B	C			H
1		支店別販売数分析				
2						
3		販売数	売上平均（円）			
4	銀座店	171	=AVERAGEIF(			
5	渋谷店	83	AVERAGEIF(範囲, 条件, [平均対象範囲])			
6	新宿店	71				

=AVERAGEIF(

②シート「売上管理」のセル範囲【C3:C34】を選択します。

③ [F4] を押します。

※数式をコピーしたときに条件範囲が常に同じセル範囲を参照するように、絶対参照「$C$3:$C$34」にします。

C3	▼	:	×	✓	fx	=AVERAGEIF(売上管理!$C$3:$C$34

=AVERAGEIF(売上管理!$C$3:$C$34

	A	B	C			
18	5月8日	マンゴープリン	銀座店			
19	5月21日	ティラミス	新宿店			
20	5月22日	ティラミス	青山店	3,500	10	35,000
21	5月27日	クレームブリュレ	銀座店	4,800	3	14,400
22	5月28日	ジェラートセット	青山店 AVERAGEIF(範囲, 条件, [平均対象範囲])	3	8,400
23	5月30日	マンゴープリン	青山店	3,200	12	38,400
24	6月1日	マンゴープリン	銀座店	3,200	8	25,600
25	6月1日	ティラミス	青山店	3,500	1	3,500
26	6月5日	ジェラートセット	銀座店	2,800	2	5,600
27	6月14日	クレームブリュレ	銀座店	4,800	12	57,600
28	6月16日	クレームブリュレ	渋谷店	4,800	8	38,400
29	6月21日	マンゴープリン	新宿店	3,200	12	38,400
30	6月21日	ジェラートセット	渋谷店	2,800	7	19,600
31	6月24日	ティラミス	青山店	3,500	6	21,000
32	6月27日	マンゴープリン	銀座店	3,200	30	96,000
33	6月27日	ジェラートセット	銀座店	2,800	45	126,000
34	6月28日	クレームブリュレ	渋谷店	4,800	9	43,200
35						

売上管理　販売数分析

④数式の続きに「,」を入力します。

⑤シート「販売数分析」のセル【A4】をクリックします。

⑥数式の続きに「,」を入力します。

⑦シート「売上管理」のセル範囲【F3:F34】を選択します。

⑧ [F4] を押します。

※数式をコピーしたときに平均対象範囲が常に同じセル範囲を参照するように、絶対参照「$F$3:$F$34」にします。

⑨数式の続きに「)」を入力します。

⑩数式バーに「=AVERAGEIF(売上管理!$C$3:$C$34,販売数分析!A4,売上管理!$F$3:$F$34)」と表示されていることを確認します。

A23	▼	:	×	✓	fx	=AVERAGEIF(売上管理!$C$3:$C$34,販売数分析!A4,売上管理!$F$3:$F$34)

=AVERAGEIF(売上管理!$C$3:$C$34,販売数分析!A4,売上管理!$F$3:$F$34)

	A	B	C	D	E	F	G
	5月30日	マンゴープリン	青山店	3,200	12	38,400	
26	6月5日	ジェラートセット	銀座店	2,800	2	5,600	
27	6月14日	クレームブリュレ	銀座店	4,800	12	57,600	
28	6月16日	クレームブリュレ	渋谷店	4,800	8	38,400	
29	6月21日	マンゴープリン	新宿店	3,200	12	38,400	
30	6月21日	ジェラートセット	渋谷店	2,800	7	19,600	
31	6月24日	ティラミス	青山店	3,500	6	21,000	
32	6月27日	マンゴープリン	銀座店	3,200	30	96,000	
33	6月27日	ジェラートセット	銀座店	2,800	45	126,000	
34	6月28日	クレームブリュレ	渋谷店	4,800	9	43,200	
35							

売上管理　販売数分析

⑪ [Enter] を押します。

⑫セル【C4】を選択し、セル右下の■ (フィルハンドル) をダブルクリックします。

※数式がセル【C7】までコピーされます。

⑬ 🖳▼ (オートフィルオプション) をクリックします。

※ 🖳 をポイントすると、🖳▼ になります。

⑭《書式なしコピー（フィル）》をクリックします。

数式がコピーされ、販売支店ごとの売上平均が表示されます。

※8行目の全体欄には、あらかじめ数式が設定されています。

	A	B	C	D	E	F	G	H
1		支店別販売数分析						
2								
3		販売数	売上平均（円）					
4	銀座店	171	50,218					
5	渋谷店	83	46,457					
6	新宿店	71	58,775					
7	青山店	127	42,380					
8	全体	452	48,016					
9								
10								
11	販売数30以上							
12								

3 COUNTIF関数

COUNTIF関数を使うと、条件を満たしているセルの個数を数えることができます。

●COUNTIF関数

$$=COUNTIF(\underset{❶}{範囲}, \underset{❷}{検索条件})$$

❶範囲
検索の対象となるセル範囲を指定します。
❷検索条件
検索条件を文字列またはセル、数値、数式で指定します。
※文字列や不等号を指定する場合は、「"=3000"」「">15"」などのように「"（ダブルクォーテーション）」で囲みます。

Let's Try 条件に合った販売件数の集計

COUNTIF関数を使用して、シート「販売数分析」のセル【B11】に、シート「売上管理」の販売数が30以上の販売件数を求めましょう。

①シート「販売数分析」のセル【B11】に「=COUNTIF（」と入力します。

第1章
第2章
第3章
第4章
第5章
第6章
模擬試験
付録
索引

②シート「売上管理」のセル範囲【E3:E34】を選択します。

③数式の続きに「, ">=30"）」と入力します。

④数式バーに「=COUNTIF(売上管理!E3:E34, ">=30")」と表示されていることを確認します。

$$=COUNTIF(売上管理!E3:E34,">=30")$$

A22	▼ : ✕ ✓ fx	=COUNTIF(売上管理!E3:E34,">=30")					
▲	A	B	C	D	E	F	G
22	5月28日	ジェラートセット	青山店	2,800	3	8,400	
23	5月30日	マンゴープリン	青山店	3,200	12	38,400	
24	6月1日	マンゴープリン	銀座店	3,200	8	25,600	
25	6月1日	ティラミス	青山店	3,500	1	3,500	
26	6月5日	ジェラートセット	銀座店	2,800	2	5,600	
27	6月14日	クレームブリュレ	銀座店	4,800	12	57,600	
28	6月16日	クレームブリュレ	渋谷店	4,800	8	38,400	
29	6月21日	マンゴープリン	新宿店	3,200	12	38,400	
30	6月21日	ジェラートセット	渋谷店	2,800	7	19,600	
31	6月24日	ティラミス	青山店	3,500	6	21,000	
32	6月27日	マンゴープリン	銀座店	3,200	30	96,000	
33	6月27日	ジェラートセット	銀座店	2,800	45	126,000	
34	6月28日	クレームブリュレ	渋谷店	4,800	9	43,200	
		売上管理　販売数分析　⊕					◀

⑤ [Enter] を押します。

販売数が30以上の販売件数が表示されます。

▲	A	B	C	D	E	F	G	H
1		支店別販売数分析						
2								
3		販売数	売上平均（円）					
4	銀座店	171	50,218					
5	渋谷店	83	46,457					
6	新宿店	71	58,775					
7	青山店	127	42,380					
8	全体	452	48,016					
9								
10								
11	販売数30以上	6						
12								
13								
	売上管理　販売数分析　⊕						◀	

※ファイルに「データの集計-3完成」と名前を付けて、フォルダー「第5章」に保存し、閉じておきましょう。

💡 **操作のポイント**

SUMIFS関数・AVERAGEIFS関数・COUNTIFS関数
次の関数を使うと、複数の検索条件に一致する集計を行うことができます。

●**SUMIFS関数**
集計する条件範囲内で複数の検索条件に一致するセルの数値を合計することができます。

●**AVERAGEIFS関数**
集計する条件範囲内で複数の検索条件に一致するセルの数値を平均することができます。

●**COUNTIFS関数**
複数の検索条件をすべて満たすセルの個数を数えることができます。

第1章

第2章

第3章

第4章

第5章

第6章

模擬試験

付録

索引

実技科目

次の操作を行い、集計表を作成しましょう。

 OPEN フォルダー「第5章」のファイル「試飲会アンケート」を開いておきましょう。

❶ 関数を使って、シート「アンケート」をもとに、シート「集計」の「●調査対象」の性別の表を完成させましょう。

❷ 関数を使って、シート「アンケート」をもとに、シート「集計」の「●調査対象」の年代別の表を完成させましょう。

❸ 集計機能を使って、シート「アンケート」をもとに、シート「集計」の「●デザイン」の性別の表を完成させましょう。

❹ シート「アンケート」の集計を削除しましょう。

❺ 集計機能を使って、シート「アンケート」をもとに、シート「集計」の「●デザイン」の年代別の表を完成させましょう。

❻ シート「アンケート」の集計を削除しましょう。また、「回答No.」の昇順に表を並べ替えましょう。

❼ ピボットテーブルを使って、シート「アンケート」をもとに、シート「集計」の「●評価点数（平均）」表を完成させましょう。

❽ シート「集計」の「●評価点数（平均）」表の数値を小数点第1位まで表示しましょう。

❾ 作成した資料は、「試飲会アンケート」から「新商品試飲会アンケート集計」とファイル名を変更して、「ドキュメント」内のフォルダー「日商PC データ活用3級 Excel2019／2016」内のフォルダー「第5章」に保存しましょう。

ファイル「試飲会アンケート」の内容
●シート「アンケート」

	性別	年代	デザイン	味わい	香り	飲みやすさ	価格

新商品試飲会アンケート

質問1　好きなパッケージのデザインをA〜Cの中から、ひとつ選択してください。

質問2　新商品を飲んで「味わい」「香り」「飲みやすさ」「価格」について感想をお聞かせください。
評価は1〜10までの10段階の点数で表してください。

回答No.	性別	年代	デザイン	味わい	香り	飲みやすさ	価格
1	男性	20代	A	7	8	7	7
2	女性	20代	A	9	9	9	7
3	女性	40代	A	6	7	5	6
4	男性	50代	C	8	7	8	4
5	女性	20代	B	10	9	9	7
6	女性	20代	A	9	8	7	7
7	男性	20代	A	9	9	10	6
8	女性	30代	B	10	10	8	7
299	男性	30代		5	9	5	
300	女性	50代	C	9	10	9	7

シート見出し：アンケート　集計

●シート「集計」

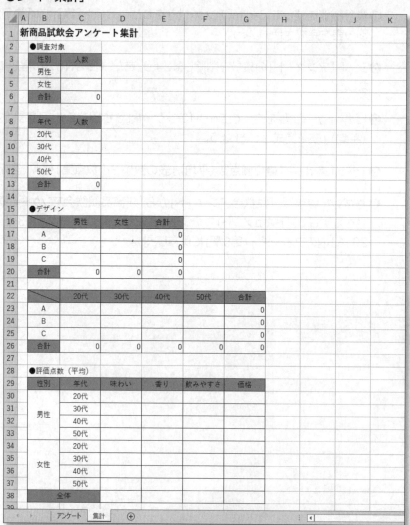

新商品試飲会アンケート集計

●調査対象

性別	人数
男性	
女性	
合計	0

年代	人数
20代	
30代	
40代	
50代	
合計	0

●デザイン

	男性	女性	合計
A			0
B			0
C			0
合計	0	0	0

	20代	30代	40代	50代	合計
A					0
B					0
C					0
合計	0	0	0	0	0

●評価点数（平均）

性別	年代	味わい	香り	飲みやすさ	価格
男性	20代				
	30代				
	40代				
	50代				
女性	20代				
	30代				
	40代				
	50代				
	全体				

シート見出し：アンケート　集計

第6章
グラフの作成

作成するブックの確認

この章で作成するブックを確認します。

1 作成するブックの確認

次のようなExcelの機能を使って、グラフを作成します。

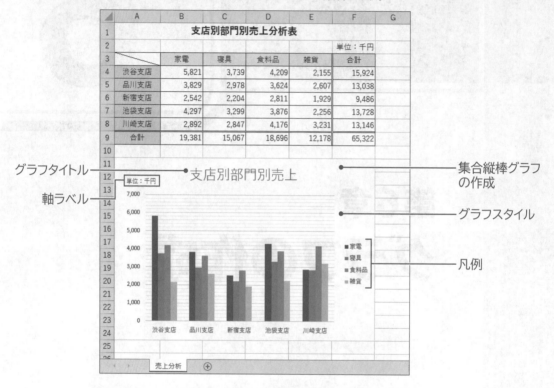

グラフタイトル
軸ラベル
集合縦棒グラフの作成
グラフスタイル
凡例

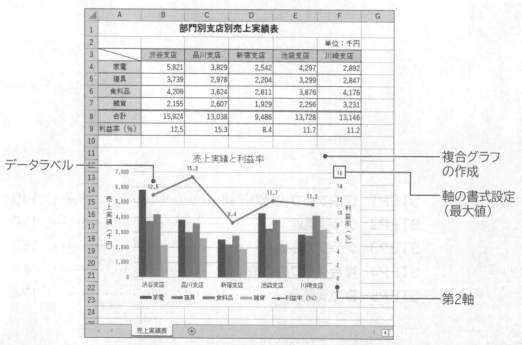

データラベル
複合グラフの作成
軸の書式設定（最大値）
第2軸

グラフ機能

Excelでは、表のデータをもとに、簡単にグラフを作成できます。グラフはデータを視覚的に表現できるため、データを比較したり傾向を分析したりするのに適しています。

第1章

第2章

第3章

第4章

第5章

第6章

模擬試験

付録

索引

1 グラフの作成手順

Excelには、縦棒・横棒・折れ線・円などの基本のグラフが用意されています。さらに、基本の各グラフには、形状をアレンジしたパターンが複数用意されています。
グラフのもとになるセル範囲とグラフの種類を選択するだけで、グラフは簡単に作成できます。
グラフを作成する基本的な手順は、次のとおりです。

1 もとになるセル範囲を選択する

グラフのもとになるデータが入力されているセル範囲を選択します。

	A	B	C	D	E	F
1	支店別部門別売上分析表					
2						単位：千円
3		家電	寝具	食料品	雑貨	合計
4	渋谷支店	5,821	3,739	4,209	2,155	15,924
5	品川支店	3,829	2,978	3,624	2,607	13,038
6	新宿支店	2,542	2,204	2,811	1,929	9,486
7	池袋支店	4,297	3,299	3,876	2,256	13,728
8	川崎支店	2,892	2,847	4,176	3,231	13,146
9	合計	19,381	15,067	18,696	12,178	65,322
10						

2 グラフの種類を選択する

グラフの種類・パターンを選択して、グラフを作成します。

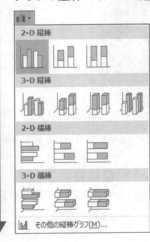

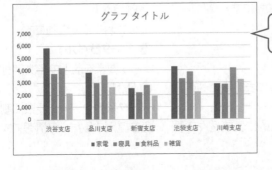

グラフが簡単に
作成できる

2 グラフの構成要素

グラフを構成する要素には、次のようなものがあります。

● 縦棒グラフ

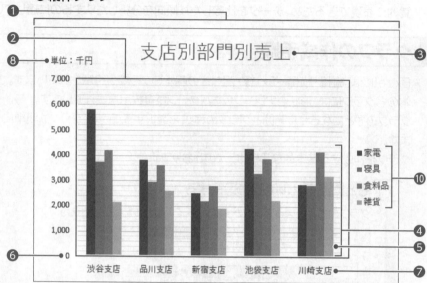

● 円グラフ

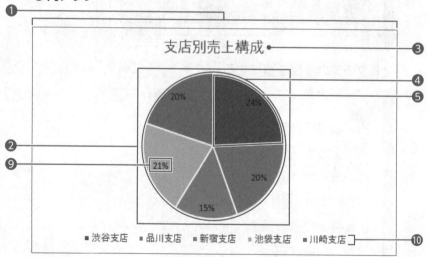

❶ グラフエリア
グラフ全体の領域です。すべての要素が含まれます。

❷ プロットエリア
棒グラフや円グラフの領域です。

❸ グラフタイトル
グラフのタイトルです。

❹ データ系列
もとになる数値を視覚的に表す棒や円です。

❺ データ要素
もとになる数値を視覚的に表す個々の要素です。

❻ 値軸
データ系列の数値を表す軸です。

❼ 項目軸
データ系列の項目を表す軸です。

❽ 軸ラベル
軸を説明する文字列です。

❾ データラベル
データ要素を説明する文字列です。

❿ 凡例
データ系列やデータ要素に割り当てられた色を識別するための情報です。

グラフの作成

基本的なグラフの作成方法、編集方法について説明します。

第1章

第2章

第3章

第4章

第5章

第6章

模擬試験

付録

索引

1 グラフの作成

縦棒グラフを作成して、基本的なグラフの作成方法を確認します。
縦棒グラフは、項目ごとに数値を比較するときに使います。
縦棒グラフを作成するには、もとになる表の「縦棒を説明する項目」と「縦棒のもとになる数値」を範囲選択します。

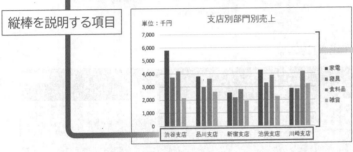

Let's Try 集合縦棒グラフの作成

セル範囲【A3:E8】のデータをもとに、次のような支店ごとの部門別の売上が比較できる縦棒グラフを作成しましょう。

グラフの種類　：集合縦棒グラフ
項目軸　　　　：支店名を表示

OPEN　フォルダー「第6章」のファイル「グラフの作成-1」を開いておきましょう。

①セル範囲【A3:E8】を選択します。

	A	B	C	D	E	F	G	H	I
1	支店別部門別売上分析表								
2						単位：千円			
3		家電	寝具	食料品	雑貨	合計			
4	渋谷支店	5,821	3,739	4,209	2,155	15,924			
5	品川支店	3,829	2,978	3,624	2,607	13,038			
6	新宿支店	2,542	2,204	2,811	1,929	9,486			
7	池袋支店	4,297	3,299	3,876	2,256	13,728			
8	川崎支店	2,892	2,847	4,176	3,231	13,146			
9	合計	19,381	15,067	18,696	12,178	65,322			
10									
11									

②《挿入》タブを選択します。

③《グラフ》グループの 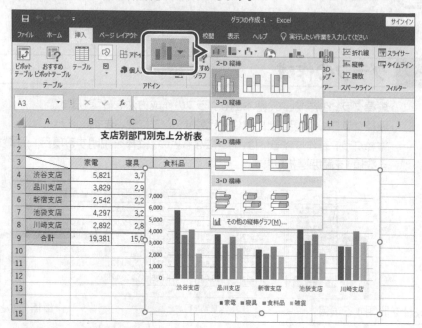 （縦棒/横棒グラフの挿入）をクリックします。

④《2-D縦棒》の《集合縦棒》をクリックします。

縦棒グラフが作成されます。

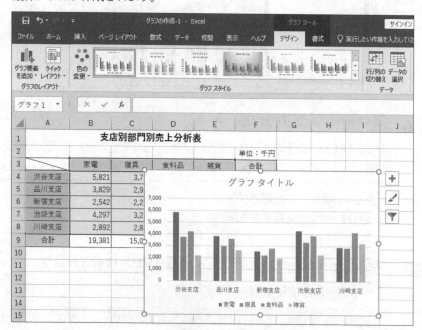

操作のポイント

行/列の切り替え

通常、縦棒グラフを作成すると、数の多い方の項目が項目軸に表示されます。行の項目と列の項目を切り替えるには、《デザイン》タブ→《データ》グループの （行/列の切り替え）を使います。

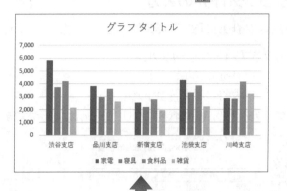

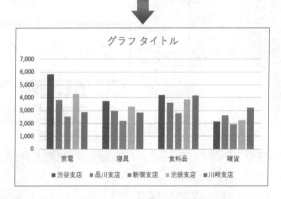

円グラフの作成

円グラフは、全体に対して各項目がどれくらいの割合を占めるかを表現するときに使います。
円グラフは「扇型の割合を説明する項目」と「扇型の割合のもとになる数値」の2つの範囲を選択して作成します。

	家電	寝具	食料品	雑貨	合計
渋谷支店	5,821	3,739	4,209	2,155	15,924
品川支店	3,829	2,978	3,624	2,607	13,038
新宿支店	2,542	2,204	2,811	1,929	9,486
池袋支店	4,297	3,299	3,876	2,256	13,728
川崎支店	2,892	2,847	4,176	3,231	13,146
合計	19,381	15,067	18,696	12,178	65,322

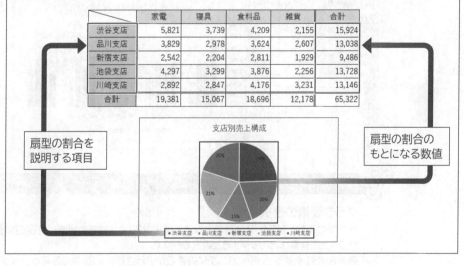

扇型の割合を
説明する項目

扇型の割合の
もとになる数値

2 グラフタイトルの入力

グラフタイトルを変更するには、グラフタイトルの要素を選択して文字を編集します。

Let's Try グラフタイトルの入力

グラフタイトルに「支店別部門別売上」と入力しましょう。

①グラフタイトルをクリックします。

グラフタイトルが選択されます。

②グラフタイトルを再度クリックします。

グラフタイトルが編集状態になり、カーソルが表示されます。

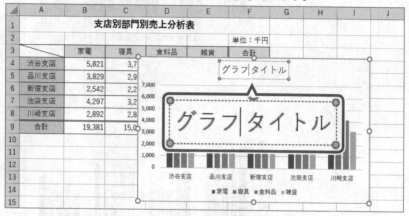

③「グラフタイトル」を削除し、「支店別部門別売上」と入力します。

④グラフタイトル以外の場所をクリックします。

グラフタイトルが確定されます。

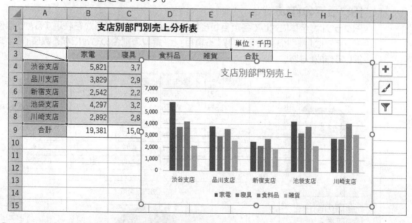

操作のポイント

グラフ要素の選択

グラフを編集する場合、まず対象となる要素を選択し、次にその要素に対して処理を行います。
グラフ上の要素は、クリックすると選択できます。
要素をポイントすると、ポップヒントに要素名が表示されます。複数の要素が重なっている箇所や
要素の面積が小さい箇所は、選択するときにポップヒントで確認するようにしましょう。
またグラフ要素が選択しにくい場合は、リボンを使って選択します。
リボンを使ってグラフ要素を選択する方法は、次のとおりです。

◆グラフを選択→《書式》タブ→《現在の選択範囲》グループの $\boxed{グラフ エリア \quad \cdot}$ （グラフ
要素）の $\boxed{\cdot}$ →一覧から選択

第1章

第2章

第3章

第4章

第5章

第6章

模擬試験

付録

索引

3 グラフの移動とサイズ変更

シート上に作成したグラフは、自由に移動したり、サイズを変更したりできます。
グラフを移動するには、グラフエリアをポイントし、マウスポインターが ✛ の状態でドラッグします。
グラフのサイズを変更するには、グラフの周囲の○（ハンドル）をポイントし、マウスポインターが ⤡ や ⤢ の状態でドラッグします。

Let's Try グラフの移動

グラフを表の下に移動しましょう。

①グラフエリアをポイントします。
※マウスポインターの形が ✛ に変わります。

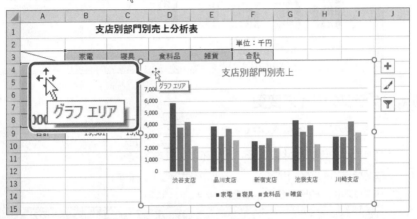

②図のようにドラッグします。（左上位置の目安：セル【A11】）
※ドラッグ中、マウスポインターの形が ✛ に変わります。

グラフが移動します。

Let's Try グラフのサイズ変更

グラフのサイズを拡大しましょう。

①グラフが選択されていることを確認します。

②グラフエリア右下の〇（ハンドル）をポイントします。
※マウスポインターの形が↘に変わります。

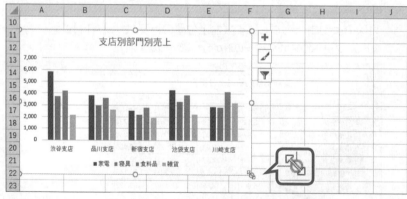

③図のようにドラッグします。（右下位置の目安：セル【F24】）
※ドラッグ中、マウスポインターの形が＋に変わります。

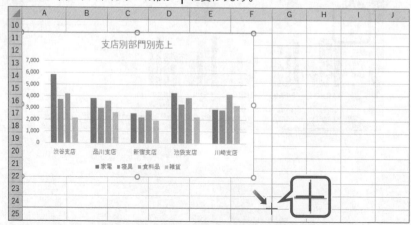

グラフのサイズが変更されます。

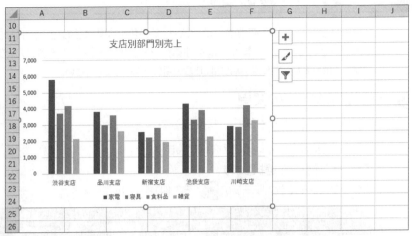

第1章

第2章

第3章

第4章

第5章

第6章

模擬試験

付録

索引

操作のポイント

グラフの配置
Alt を押しながら、グラフの移動やサイズ変更を行うと、セルの枠線に合わせて配置されます。

グラフシートへの移動
グラフは、シート全体にグラフを表示するグラフ専用の「グラフシート」に配置することもできます。

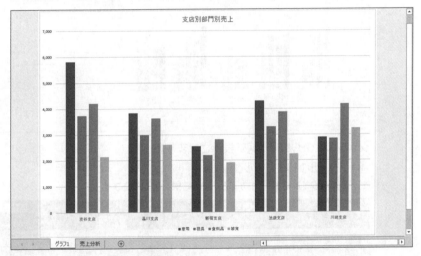

グラフをグラフシートに移動する方法は、次のとおりです。

◆グラフを選択→《デザイン》タブ→《場所》グループの （グラフの移動）→《新しいシート》を
　◉にする

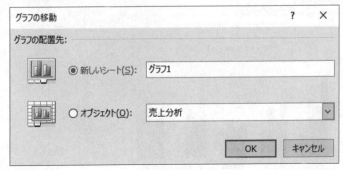

4 グラフスタイルの変更

Excelのグラフには、グラフ要素の配置や背景の色、効果などの組み合わせが「スタイル」として用意されています。一覧から選択するだけで、グラフ全体のデザインを変更できます。
※設定する項目名が一覧にない場合は、任意の項目を選択してください。

Let's Try グラフスタイルの変更

集合縦棒グラフを「スタイル11」に変更しましょう。

①グラフが選択されていることを確認します。
②《デザイン》タブを選択します。
③《グラフスタイル》グループの ▼ (その他) をクリックします。

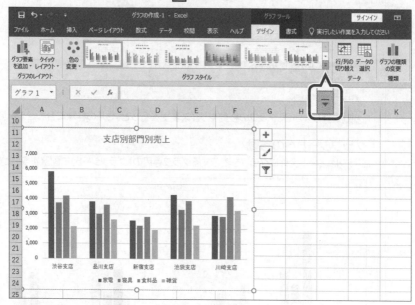

グラフのスタイルが一覧で表示されます。

④《スタイル11》をクリックします。
※一覧のスタイルをポイントすると、適用結果を確認できます。

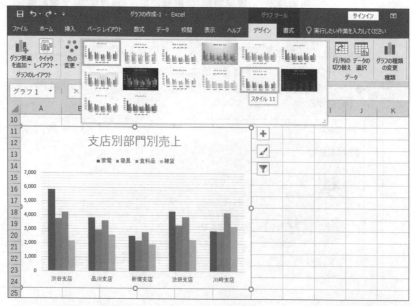

グラフのスタイルが変更されます。

5 凡例の位置の変更

凡例の表示位置は、グラフの上、下、左、右など、自由に移動できます。また、必要ない場合は、非表示にすることもできます。

Let's Try 凡例を右に配置

凡例の位置をグラフの右に移動しましょう。

① グラフが選択されていることを確認します。
②《デザイン》タブを選択します。
③《グラフのレイアウト》グループの （グラフ要素を追加）をクリックします。
④《凡例》をポイントします。
⑤《右》をクリックします。

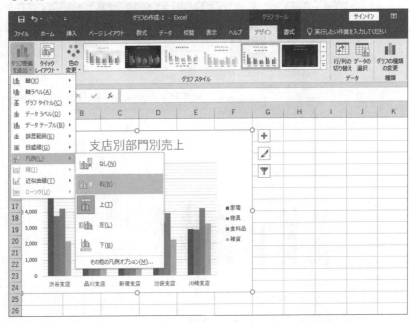

凡例の位置が変更されます。

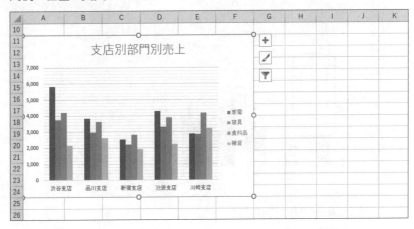

第1章
第2章
第3章
第4章
第5章
第6章
模擬試験
付録
索引

6 軸ラベルの設定

値軸や項目軸に、単位などのラベルを表示したい場合は、軸ラベルを追加します。
また、軸ラベルの向きなどの書式を設定できます。

Let's Try 軸ラベルの追加

値軸の軸ラベルを追加し、「単位：千円」と表示しましょう。

①グラフが選択されていることを確認します。
②《デザイン》タブを選択します。
③《グラフのレイアウト》グループの (グラフ要素を追加)をクリックします。
④《軸ラベル》をポイントします。
⑤《第1縦軸》をクリックします。

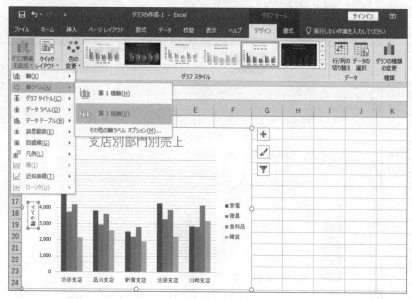

軸ラベルが表示されます。

⑥軸ラベルが選択されていることを確認します。

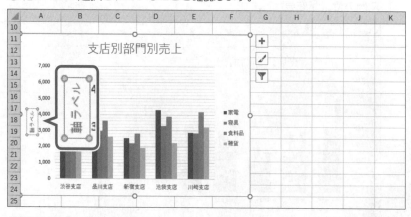

⑦軸ラベルをクリックします。

カーソルが表示されます。

⑧「軸ラベル」を削除し、「単位：千円」と入力します。
⑨軸ラベル以外の場所をクリックします。

軸ラベルが確定されます。

Let's Try 軸ラベルの設定

値軸の軸ラベルを横書きに変更し、値軸の上に移動しましょう。

①軸ラベルをクリックします。

軸ラベルが選択されます。

②《ホーム》タブを選択します。

③《配置》グループの 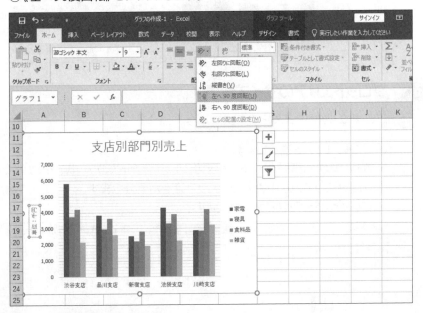 (方向)をクリックします。

④《左へ90度回転》をクリックします。

軸ラベルが横書きに変更されます。

軸ラベルを移動します。

⑤軸ラベルが選択されていることを確認します。

⑥軸ラベルの枠線をポイントします。

※マウスポインターの形が ✛ に変わります。

※軸ラベルの枠線内をポイントすると、マウスポインターの形が I になり、文字列の選択になるので注意しましょう。

⑦図のように、軸ラベルの枠線をドラッグします。

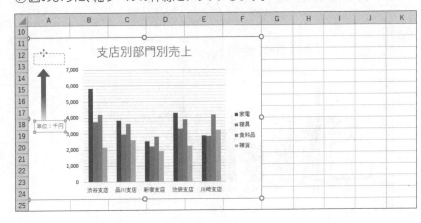

第1章
第2章
第3章
第4章
第5章
第6章
模擬試験
付録
索引

軸ラベルが移動します。

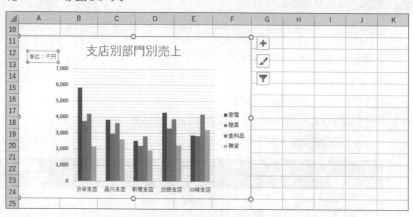

Let's Try ## プロットエリアのサイズ変更

プロットエリアのサイズを拡大しましょう。

① プロットエリアを選択します。
※ プロットエリアの周囲をポイントし、ポップヒントが《プロットエリア》の状態でクリックしましょう。

② プロットエリアの左中央の○(ハンドル)をポイントします。
※ マウスポインターの形が ⟺ に変わります。

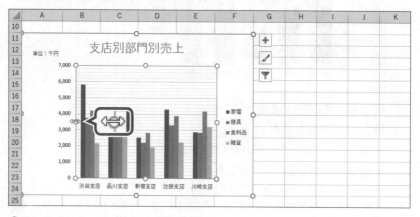

③ 図のようにドラッグします。
※ ドラッグ中、マウスポインターの形が ✚ に変わります。

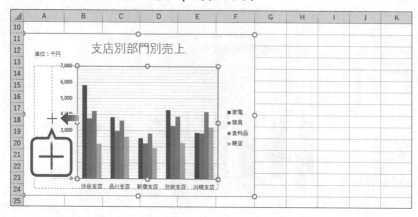

プロットエリアのサイズが変更されます。

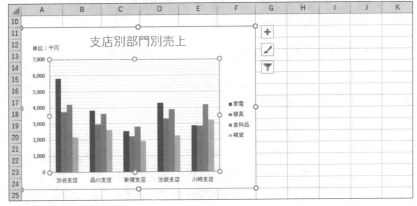

※ファイルに「グラフの作成-1完成」と名前を付けて、フォルダー「第6章」に保存し、閉じておきましょう。

操作のポイント

ショートカットツール

グラフを選択すると、グラフの右側にショートカットツールという3つのボタンが表示されます。ボタンの名称と役割は、次のとおりです。

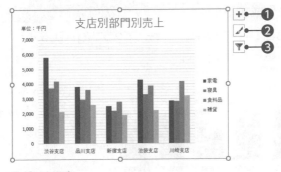

❶グラフ要素

タイトルや凡例などのグラフ要素の表示・非表示を切り替えたり、表示位置を変更したりします。

❷グラフスタイル

グラフのスタイルや配色を変更します。

❸グラフフィルター

グラフに表示するデータを絞り込みます。

グラフ要素の非表示

グラフ要素を非表示にする方法は、次のとおりです。

◆グラフを選択→《デザイン》タブ→《グラフのレイアウト》グループの ▥ （グラフ要素を追加）→グラフ要素名をポイント→一覧から非表示にしたいグラフ要素を選択／《なし》

グラフのレイアウトの設定

Excelのグラフには、あらかじめいくつかの「レイアウト」が用意されており、それぞれ表示されるグラフ要素やその配置が異なります。
レイアウトを使って、グラフ要素の表示や配置を設定する方法は、次のとおりです。

◆グラフを選択→《デザイン》タブ→《グラフのレイアウト》グループの ▦ （クイックレイアウト）→一覧から選択

第1章

第2章

第3章

第4章

第5章

第6章

模擬試験

付録

索引

複合グラフの作成

複合グラフの作成方法、編集方法について説明します。

1 複合グラフとは

複数のデータ系列のうち、特定のデータ系列だけグラフの種類を変更できます。
例えば、棒グラフの複数のデータ系列のうち、ひとつだけを折れ線グラフにして、棒グラフと折れ線グラフを同一のグラフエリア内に混在させることができます。
同一のグラフエリア内に、異なる種類のグラフを表示したものを「複合グラフ」といいます。複合グラフは、種類や単位が異なるデータなどを表現するときに使います。

2 複合グラフの作成手順

複合グラフを作成する手順は、次のとおりです。

1 グラフを作成する

グラフのもとになるデータ範囲を選択してグラフを作成します。

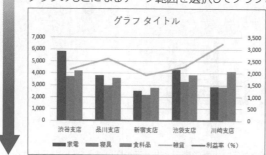

2 データ系列ごとにグラフの種類を変更する

データ系列ごとに、グラフの種類を変更します。データの数値に差があってグラフが見にくい場合は、第2軸を設定します。

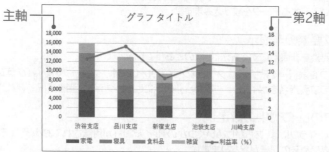

主軸 ───

第2軸

💡 操作のポイント

複合グラフ作成の制限
2-D（平面）の縦棒グラフ・折れ線グラフ・散布図・面グラフなどは、それぞれ組み合わせて複合グラフを作成できますが、3-D（立体）のグラフは複合グラフを作成できません。
また、2-D（平面）でも円グラフは、グラフの特性上、複合グラフにできません。

第1章

第2章

第3章

第4章

第5章

第6章

模擬試験

付録

索引

3 複合グラフの作成

集合縦棒グラフとマーカー付き折れ線グラフをひとつにまとめた複合グラフを作成します。

 グラフの作成

セル範囲【A3:F7】とセル範囲【A9:F9】のデータをもとに、次のような複合グラフを作成しましょう。

> グラフの種類：集合縦棒グラフと折れ線グラフの複合グラフ
> 項目軸　　　：支店名を表示

フォルダー「第6章」のファイル「グラフの作成-2」を開いておきましょう。

①セル範囲【A3:F7】を選択します。

② Ctrl を押しながら、セル範囲【A9:F9】を選択します。

③《挿入》タブを選択します。

④《グラフ》グループの （複合グラフの挿入）をクリックします。

⑤《組み合わせ》の《集合縦棒-第2軸の折れ線》をクリックします。

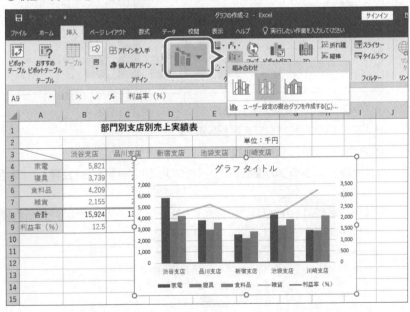

複合グラフが作成されます。

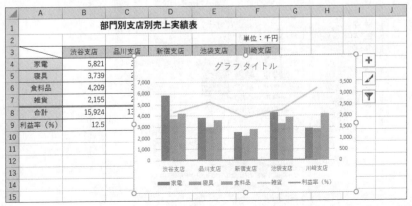

グラフの種類の変更と第2軸の設定

縦棒グラフや折れ線グラフ、面グラフでは、左側に表示される値軸「主軸」のほかに、右側に表示される値軸「第2軸」を使ってデータ系列を表示できます。

作成したグラフは「家電」「寝具」「食料品」が集合縦棒グラフ、「雑貨」「利益率（％）」が折れ線グラフで表示されています。「雑貨」を集合縦棒グラフ、「利益率（％）」をマーカー付き折れ線グラフに変更し、第2軸を設定しましょう。

①グラフが選択されていることを確認します。

②《デザイン》タブを選択します。

③《種類》グループの (グラフの種類の変更)をクリックします。

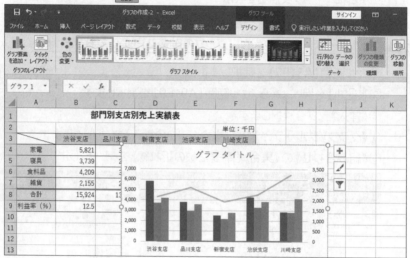

《グラフの種類の変更》ダイアログボックスが表示されます。

④《すべてのグラフ》タブを選択します。

⑤左側の一覧から《組み合わせ》を選択します。

⑥「雑貨」の《グラフの種類》の をクリックし、一覧から《縦棒》の《集合縦棒》を選択します。

⑦「利益率（％）」の《グラフの種類》の をクリックし、一覧から《折れ線》の《マーカー付き折れ線》を選択します。

⑧「雑貨」の《第2軸》を ☐ にします。

⑨「利益率（%）」の《第2軸》を ✔ にします。

⑩ プレビューのグラフを確認します。

⑪《OK》をクリックします。

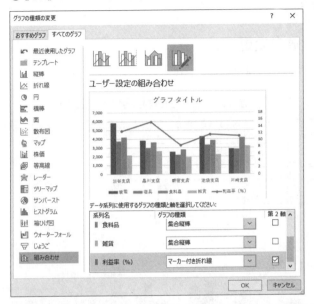

「雑貨」が集合縦棒グラフ、「利益率（%）」がマーカー付き折れ線グラフに変更されます。

※主軸は各部門のデータ系列に最適な目盛、第2軸は「利益率（%）」のデータ系列に最適な目盛にそれぞれ自動的に調整されます。

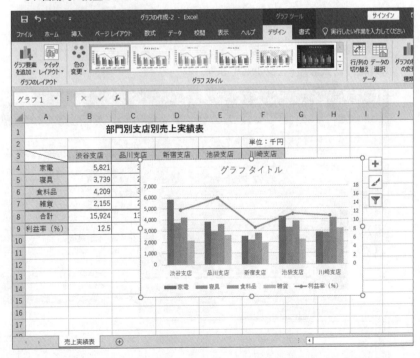

操作のポイント

その他の方法（グラフの種類の変更）
◆データ系列を右クリック→《系列グラフの種類の変更》

第1章
第2章
第3章
第4章
第5章
第6章
模擬試験
付録
索引

4 値軸の設定

数値軸の最小値・最大値・目盛間隔は、データ系列の数値やグラフのサイズに応じて自動的に調整されますが、データ系列の数値やグラフのサイズに関わらず固定した値に変更することもできます。

Let's Try 第2軸の最大値の変更

第2軸の最大値を「16」に変更しましょう。

①表の下にグラフを移動します。（目安：セル範囲【A11：F23】）

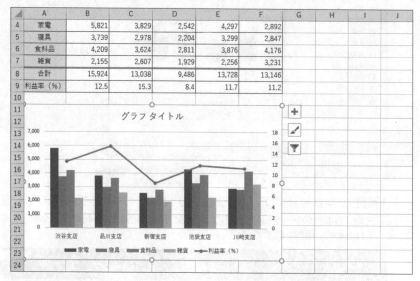

②第2軸を右クリックします。

③《軸の書式設定》をクリックします。

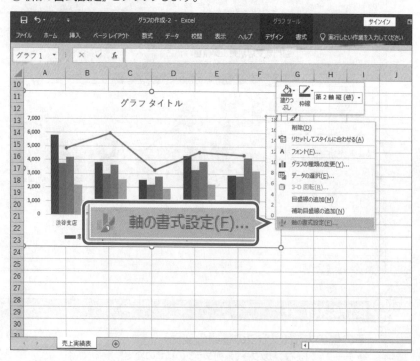

《軸の書式設定》作業ウィンドウが表示されます。

④《軸のオプション》をクリックします。

⑤ ▊▊▊ (軸のオプション) をクリックします。

⑥《軸のオプション》の詳細が表示されていることを確認します。

⑦《境界値》の《最大値》に「16」と入力します。

⑧《軸の書式設定》作業ウィンドウの ✕ (閉じる) をクリックします。

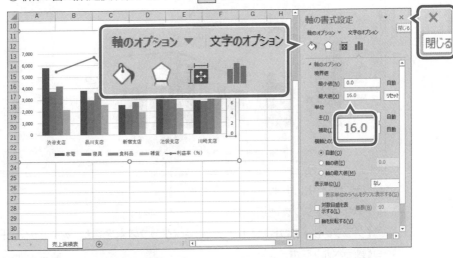

第2軸の最大値が「16」に変更されます。

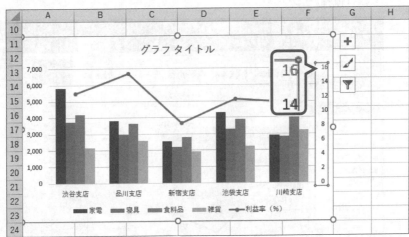

第1章

第2章

第3章

第4章

第5章

第6章

模擬試験

付録

索引

5　グラフの書式設定

作成した複合グラフの各要素の書式を設定し、グラフを完成させます。

Let's Try　グラフの書式設定

次のように、グラフの各要素の書式を設定しましょう。

グラフタイトル	:「売上実績と利益率」
主軸の軸ラベル	:「売上実績(千円)」と縦書きで表示
第2軸の軸ラベル	:「利益率(%)」と縦書きで表示
データラベル	:「利益率(%)」のデータ系列(折れ線グラフ)の上に値を表示
グラフエリアのフォント	:MSゴシック

① グラフタイトルをクリックします。

② グラフタイトルを再度クリックします。

③ 「グラフタイトル」を削除し、「**売上実績と利益率**」と入力します。

④ グラフタイトル以外の場所をクリックします。

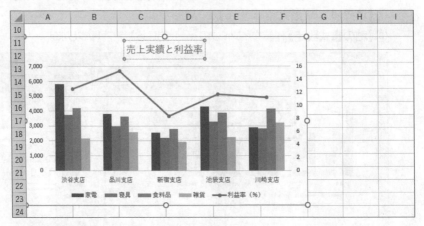

⑤ グラフを選択します。

⑥ 《デザイン》タブを選択します。

⑦ 《グラフのレイアウト》グループの（グラフ要素を追加）をクリックします。

⑧ 《軸ラベル》をポイントします。

⑨ 《第1縦軸》をクリックします。

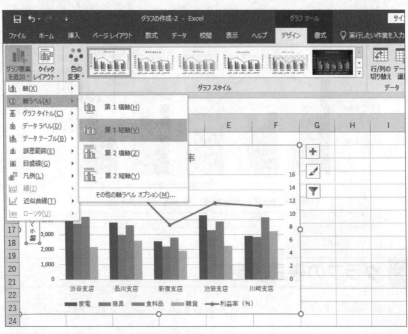

⑩ 軸ラベルが選択されていることを確認します。

⑪ 軸ラベルをクリックします。

⑫「軸ラベル」を削除し、「売上実績（千円）」と入力します。

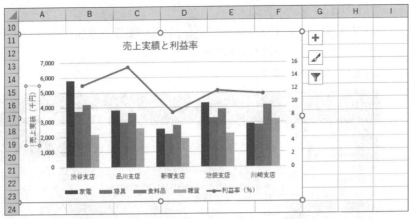

⑬軸ラベルが選択されていることを確認します。

⑭《ホーム》タブを選択します。

⑮《配置》グループの をクリックします。

⑯《縦書き》をクリックします。

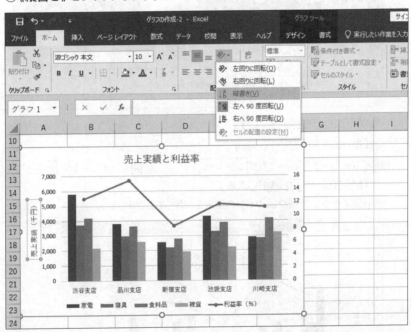

⑰同様に、第2縦軸の軸ラベル「利益率（％）」を追加し、縦書きに設定します。

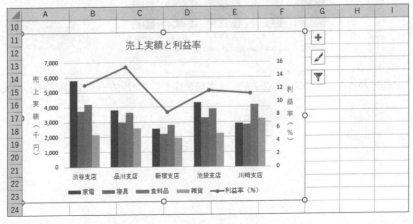

第1章

第2章

第3章

第4章

第5章

第6章

模擬試験

付録

索引

⑱「利益率（％）」のデータ系列（折れ線グラフ）を選択します。

⑲《デザイン》タブを選択します。

⑳《グラフのレイアウト》グループの 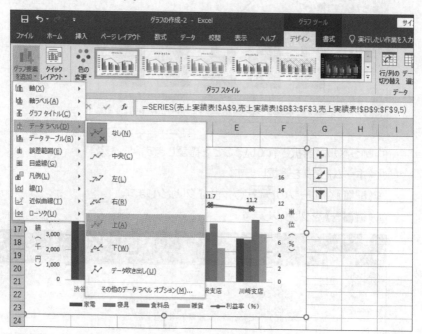（グラフ要素を追加）をクリックします。

㉑《データラベル》をポイントします。

㉒《上》をクリックします。

㉓グラフエリアを選択します。

㉔《ホーム》タブを選択します。

㉕《フォント》グループの 游ゴシック 本文 （フォント）の をクリックし、一覧から「MSゴシック」を選択します。

※任意のセルをクリックし、グラフの選択を解除しておきましょう。

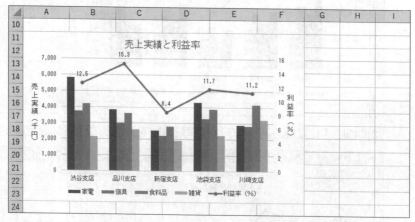

※ファイルに「グラフの作成-2完成」と名前を付けて、フォルダー「第6章」に保存し、閉じておきましょう。

STEP
5

確認問題

解答 ▶ 別冊P.11

第1章

第2章

第3章

第4章

第5章

第6章

模擬試験

付録

索引

実技科目

次の操作を行い、グラフを作成しましょう。

フォルダー「第6章」のファイル「ショッピングサイト会員数」を開いておきましょう。

❶「ショッピングサイト会員数」表のデータをもとに、2016年の会員種別の割合を表す円グラフを作成しましょう。

❷❶で作成したグラフのタイトルを「**2016年会員種別の割合**」に変更しましょう。

❸❶で作成したグラフの凡例を非表示にしましょう。

❹❶で作成したグラフの内部外側に、構成比と分類名のラベルを表示しましょう。

❺❶で作成したグラフを「**ショッピングサイト会員数**」表の左下に配置しましょう。
（目安：セル範囲【A11：C23】）

❻「ショッピングサイト会員数」表のデータをもとに、2021年の会員種別の割合を表す円グラフを作成しましょう。

❼❻で作成したグラフのタイトルを「**2021年会員種別の割合**」に変更しましょう。

❽❻で作成したグラフの凡例を非表示にしましょう。

❾❻で作成したグラフの内部外側に、構成比と分類名のラベルを表示しましょう。

❿❻で作成したグラフを「**ショッピングサイト会員数**」表の右下に配置しましょう。
（目安：セル範囲【D11：G23】）

⓫「ショッピングサイト会員数」表のデータをもとに、年ごとの会員数と、会員種別の内訳を同時に表す縦棒グラフを作成しましょう。項目軸には年数を表示すること。

⓬⓫で作成したグラフのタイトルを「**会員数推移**」に変更しましょう。

⓭⓫で作成したグラフをグラフシートに配置しましょう。グラフシートの名前は「**会員数グラフ**」とすること。

⓮⓫で作成したグラフに凡例と値を表示しましょう。凡例はグラフの右に、値はグラフの中央に表示すること。

⓯⓫で作成したグラフに軸ラベル「**単位：千人**」を表示しましょう。

⓰⓫で作成したグラフに各要素の推移を確認できる線を表示しましょう。

⓱⓫で作成したグラフ内のフォントサイズを「**14**」ポイントに設定しましょう。

⓲作成した資料は、「ショッピングサイト会員数」から「会員数2016-2021」とファイル名を変更して、「ドキュメント」内のフォルダー「日商PC　データ活用3級　Excel2019／2016」内のフォルダー「第6章」に保存しましょう。

ファイル「ショッピングサイト会員数」の内容
●シート「会員数」

	A	B	C	D	E	F	G
1	ショッピングサイト会員数						
2							単位：千人
3	会員種別	2016年	2017年	2018年	2019年	2020年	2021年
4	ダイヤモンド会員	164	287	336	378	401	387
5	ゴールド会員	184	267	245	301	298	325
6	シルバー会員	254	261	231	286	284	291
7	ブロンズ会員	299	319	317	323	378	399
8	ブルー会員	286	299	245	287	198	201
9	合計	1,187	1,433	1,374	1,575	1,559	1,603

会員数

Challenge

模擬試験

第1回 模擬試験 問題

解答 ▶ 別冊P.14

本試験は、試験プログラムを使ったネット試験です。
本書の模擬試験は、試験プログラムを使わずに操作します。

知識科目

試験時間の目安：5分

本試験の知識科目は、データ活用分野と共通分野から出題されます。
本書では、データ活用分野の問題のみを取り扱っています。共通分野の問題は含まれません。

問題 1

パソコン販売における各メーカーの販売シェアがわかるグラフを、次の中から選びなさい。

1　円グラフ
2　折れ線グラフ
3　散布図

問題 2

販売数量によって値引き率が変わる場合に使用する関数を、次の中から選びなさい。

1　MAX関数
2　ROUND関数
3　IF関数

問題 3

予算達成率を求める計算式として正しいものを、次の中から選びなさい。

1　今年の実績　÷　昨年の実績　×　100
2　売上予算　÷　売上金額　×　100
3　売上金額　÷　売上予算　×　100

問題 4

財務諸表のうち、資産と負債、純資産に分かれて企業の財務状態が把握できるものを、次の中から選びなさい。

1　貸借対照表
2　損益計算書
3　総勘定元帳

問題 5

毎年の売上小計を順に加えて合計を求めるものを、次の中から選びなさい。

1　累計
2　総計
3　統計

第 1 章

第 2 章

第 3 章

第 4 章

第 5 章

第 6 章

模擬試験

付録

索引

問題 6 表計算ソフトにおいて、セルに「**商品名**」と入力すると、原則として（　　）で表示される。（　　）に入る適切な語句を、次の中から選びなさい。

1　中央揃え

2　右揃え

3　左揃え

問題 7 営業企画部の斉藤さんが、営業企画部の2021年度予算案を作成しています。上司に提出するために保存するファイル名として最も適切なものを、次の中から選びなさい。

1　斉藤2021予算案

2　営業企画部2021年度予算案

3　営企予算案

問題 8 表計算ソフトにおいて、数式をコピーするとき、参照先のセルが変更されないように参照する方法を、次の中から選びなさい。

1　複合参照

2　相対参照

3　絶対参照

問題 9 次のような項目を含んだ4月度の販売データをもとに集計できるものを、次の中から選びなさい。

販売日、販売先、商品名、数量、単価、金額

1　商品別の在庫数

2　販売先別の金額合計

3　商品別の原価合計

問題 10 損益計算書において、売上高から売上原価を差し引いたものを、次の中から選びなさい。

1　売上総利益

2　営業利益

3　純利益

本試験の実技科目は、試験プログラムを使って出題されます。
本書では、試験プログラムを使わずに操作します。

あなたは、フラワー販売店の販売管理課で蘭の販売管理を担当しています。このたび、上司より第1四半期（2021年4月～6月）の高級大輪蘭の販売実績がわかる資料を作成するよう依頼されました。
問題の指示に従い、資料を作成しなさい。
なお、作成にあたっては、「ドキュメント」内のフォルダー「日商PC　データ活用3級Excel2019／2016」内のフォルダー「模擬試験」にあるファイル「蘭の売上管理表」（シート：「売上管理」、「売上集計」、「実績および目標」）の3つのデータを使用しなさい。

問題1

2021年度第1四半期（4～6月）の集計をする際、各支店より追加のデータが送付されてきました。そこで、シート「売上管理」の「高級大輪蘭第1四半期売上管理表」に、下記データ1および2を追加入力しなさい。
なお、入力する際には、事前に入力されているデータをよく確認し、データの形式を統一して入力しなさい。

データ1（FAXにて下記報告を受ける）

```
至急

                        2021 年 7 月 1 日

販売管理課　御中              新宿店


6 月 30 日　蘭の売上を報告いたします。


WP2003    12 本
```

データ2（メールにて下記報告を受ける）

支店	売上日	品番	数量
新宿店	6月10日	WR3002	11
青山店	6月20日	PP3004	8
渋谷店	6月30日	WP5003	2

第1章

第2章

第3章

第4章

第5章

第6章

模擬試験

付録

索引

問題2

問題1で作成した「高級大輪蘭第1四半期売上管理表」のデータを利用して、シート「売上集計」の「第1四半期支店別売上」表を完成させなさい。

問題3

問題2で作成した「第1四半期支店別売上」表を利用して、シート「実績および目標」内の表を完成させなさい。その際、以下の指示に従うこと。

（指示）

❶表のタイトルは「第1四半期売上実績状況」とすること。

❷「目標達成率（%）」は、小数点第1位まで表示すること。

問題4

問題3で作成した「第1四半期売上実績状況」表を利用して、第1四半期の実績と目標達成率がわかる複合グラフを作成しなさい。その際、以下の指示に従うこと。

（指示）

❶今期実績を縦棒グラフ、目標達成率を折れ線グラフで表示すること。

❷グラフの項目軸には、支店を表示すること。

❸グラフの数値軸には、単位を表示すること。

❹グラフには、凡例と棒グラフの値を表示すること。

❺グラフのタイトルは「第1四半期の実績と目標達成率」とすること。

❻グラフは「第1四半期売上実績状況」表の下に配置すること。

問題5

問題1～問題4で作成した資料（シート）は、「蘭の売上管理表」から「蘭の目標達成率」とファイル名を変更して、「ドキュメント」内のフォルダー「日商PC　データ活用3級Excel2019／2016」内のフォルダー「模擬試験」に保存すること。

ファイル「蘭の売上管理表」の内容
●シート「売上管理」

日付	品番	種別	本数	輪数	販売支店	支店コード	単価（円）	数量（本）	売上金額（円）
					高級大輪蘭第1四半期売上管理表				
4月3日	WR3002	白花弁／白赤リップ	3本立ち	20輪以上	渋谷店	TS03	15,800	32	505,600
4月12日	WP5003	白花弁／ピンクリップ	5本立ち	35輪以上	銀座店	TG01	45,000	5	225,000
4月12日	WW3001	白花弁／白リップ	3本立ち	15輪以上	新宿店	TS02	14,800	9	133,200
4月13日	PP2004	ピンク花弁／ピンクリップ	2本立ち	25輪以上	青山店	TA01	14,000	10	140,000
4月18日	PP3004	ピンク花弁／ピンクリップ	3本立ち	30輪以上	青山店	TA01	17,800	15	267,000
4月20日	WW5001	白花弁／白リップ	5本立ち	25輪以上	青山店	TA01	30,000	45	1,350,000
4月21日	WR5002	白花弁／白赤リップ	5本立ち	30輪以上	渋谷店	TS03	35,000	5	175,000
4月25日	WW2001	白花弁／白リップ	2本立ち	10輪以上	銀座店	TG01	10,000	6	60,000
4月30日	PP5004	ピンク花弁／ピンクリップ	5本立ち	45輪以上	銀座店	TG01	60,000	8	480,000
5月3日	WP3003	白花弁／ピンクリップ	3本立ち	25輪以上	青山店	TA01	16,800	15	252,000
5月3日	WP2003	白花弁／ピンクリップ	2本立ち	20輪以上	渋谷店	TS03	13,000	7	91,000
5月4日	WR2002	白花弁／白赤リップ	2本立ち	15輪以上	銀座店	TG01	12,000	32	384,000
5月4日	WW5001	白花弁／白リップ	5本立ち	25輪以上	新宿店	TS02	30,000	5	150,000
5月5日	WR3002	白花弁／白赤リップ	3本立ち	20輪以上	青山店	TA01	15,800	10	158,000
5月5日	WP5003	白花弁／ピンクリップ	5本立ち	35輪以上	渋谷店	TS03	45,000	15	675,000
5月6日	WW3001	白花弁／白リップ	3本立ち	15輪以上	銀座店	TG01	14,800	20	296,000
5月20日	PP2004	ピンク花弁／ピンクリップ	2本立ち	25輪以上	新宿店	TS02	14,000	45	630,000
5月25日	PP3004	ピンク花弁／ピンクリップ	3本立ち	30輪以上	青山店	TA01	17,800	10	178,000
5月27日	WR5002	白花弁／白赤リップ	5本立ち	30輪以上	青山店	TA01	35,000	12	420,000
5月27日	WW5001	白花弁／白赤リップ	5本立ち	25輪以上	青山店	TA01	30,000	3	90,000
5月29日	WR3002	白花弁／白赤リップ	3本立ち	20輪以上	銀座店	TG01	15,800	8	126,400
6月1日	WP5003	白花弁／ピンクリップ	5本立ち	35輪以上	銀座店	TG01	45,000	3	135,000
6月1日	WW2001	白花弁／白リップ	2本立ち	10輪以上	銀座店	TG01	10,000	2	20,000
6月5日	PP5004	ピンク花弁／ピンクリップ	5本立ち	45輪以上	青山店	TA01	60,000	1	60,000
6月12日	WP3003	白花弁／ピンクリップ	3本立ち	25輪以上	渋谷店	TS03	16,800	8	134,400
6月18日	WR2002	白花弁／白赤リップ	2本立ち	15輪以上	新宿店	TS02	12,000	12	144,000
6月18日	WP2003	白花弁／ピンクリップ	2本立ち	20輪以上	渋谷店	TS03	13,000	12	156,000
6月22日	WW5001	白花弁／白リップ	5本立ち	25輪以上	渋谷店	TS03	30,000	7	210,000
6月23日	WR3002	白花弁／白赤リップ	3本立ち	20輪以上	銀座店	TG01	15,800	30	474,000
6月25日	WW2001	白花弁／白リップ	2本立ち	10輪以上	銀座店	TG01	10,000	45	450,000
6月29日	WP3003	白花弁／ピンクリップ	3本立ち	25輪以上	渋谷店	TS03	16,800	9	151,200
6月29日	PP5004	ピンク花弁／ピンクリップ	5本立ち	45輪以上	青山店	TA01	60,000	6	360,000
		合計						452	9,080,800

売上管理 | 売上集計 | 実績および目標 | ⊕

●シート「売上集計」

支店	4月	5月	6月	総計
	第1四半期支店別売上			
				（単位：円）
銀座店				
新宿店				
渋谷店				
青山店				
総計				

売上管理 | 売上集計 | 実績および目標 | ⊕

●シート「実績および目標」

支店	第1四半期目標（円）	第1四半期実績（円）	目標達成率（%）
銀座店	2,500,000		
新宿店	1,400,000		
渋谷店	2,000,000		
青山店	3,500,000		
総計	9,400,000		

売上管理 | 売上集計 | 実績および目標 | ⊕

本試験は、試験プログラムを使ったネット試験です。
本書の模擬試験は、試験プログラムを使わずに操作します。

第1章

第2章

第3章

第4章

第5章

第6章

模擬試験

付録

索引

知識科目

試験時間の目安：5分

本試験の知識科目は、データ活用分野と共通分野から出題されます。
本書では、データ活用分野の問題のみを取り扱っています。共通分野の問題は含まれません。

■ 問題 1 ABC分析において、ツールとして使用される図を、次の中から選びなさい。

1 パレート図
2 Zチャート
3 散布図

■ 問題 2 1年間の売上推移を分析するために最も適切なグラフを、次の中から選びなさい。

1 円グラフ
2 レーダーチャート
3 折れ線グラフ

■ 問題 3 見積書の消費税額の計算において、端数処理をするために使用する関数として適切なものを、次の中から選びなさい。

1 ROUNDDOWN関数
2 MIN関数
3 AVERAGE関数

■ 問題 4 売上データにおいて、売上が大きい商品順に表示するときの並び順を、次の中から選びなさい。

1 昇順
2 降順
3 順列

■ 問題 5 数値を丸めることにより、素早く計算できるようにすることを何というか、次の中から選びなさい。

1 除算
2 検算
3 概算

■ **問題 6**　表計算ソフトのピボットテーブル機能を使ってできる処理を、次の中から選びなさい。

　1　支店別商品別の売上集計

　2　季節変動を加味した商品別の販売動向の分析

　3　売れ筋商品の分析

■ **問題 7**　企業間の取引において、最初に作成される書類を、次の中から選びなさい。

　1　請求書

　2　領収書

　3　見積書

■ **問題 8**　損益計算書に記載されない項目を、次の中から選びなさい。

　1　借入金

　2　売上原価

　3　売上総利益

■ **問題 9**　2020年に20,000人だった町の人口が、2021年に21,000人に増加した。この町の人口増加率を、次の中から選びなさい。

　1　95%

　2　5%

　3　105%

■ **問題 10**　昨年の売上に対する今年の売上の割合のことを何というか、次の中から選びなさい。

　1　変動費

　2　構成比

　3　前年比

本試験の実技科目は、試験プログラムを使って出題されます。
本書では、試験プログラムを使わずに操作します。

あなたは、シューズ製造会社でマーケティングを担当しています。このたび、上司より第1四半期のスポーツシューズの発注状況をもとに、顧客のランク分けを行うよう指示されました。
問題の指示に従い、資料を作成しなさい。
なお、作成にあたっては、「ドキュメント」内のフォルダー「日商PC　データ活用3級Excel2019／2016」内のフォルダー「模擬試験」にあるファイル「取引先分析」（シート：「注文データ」、「取引先別集計」、「取引先別分析」）の3つのデータを使用しなさい。

問題1

シート「注文データ」をもとに、シート「取引先別集計」内の表を完成させなさい。その際、以下の指示に従うこと。

（指示）

❶シート「取引先別集計」に取引先ごとの注文数と注文金額の集計を行うこと。

❷注文金額の多い順に並べ替えること。

❸表のタイトルは「取引先別注文集計」とすること。

❹項目名の下の罫線を二重罫線にすること。

問題2

問題1で作成した「取引先別注文集計」表を利用して、シート「取引先別分析」の「取引先別ランク分析」表を完成させなさい。その際、以下の指示に従うこと。

（指示）

❶構成比、構成比率累計は、小数点第1位まで表示すること。

❷ランクは次の表をもとに分類すること。

ランク	構成比率累計	評価
A	80%まで	主力顧客
B	90%まで	準主力顧客
C	100%まで	非主力顧客

問題3

問題2で作成した表をもとに、取引先別の注文金額を縦棒グラフ、構成比率累計を折れ線グラフとする複合グラフを作成しなさい。その際、以下の指示に従うこと。

（指示）

❶グラフの左側の数値軸に注文金額、右側の数値軸に構成比率累計を表示すること。

❷グラフのタイトルは「取引先別ランク分析」とすること。

❸グラフの右側の数値軸の最大値を100とすること。

❹グラフは「取引先別ランク分析」表の下に配置すること。

問題4

問題1～問題3で作成した資料（シート）は、「取引先分析」から「取引先ランク分析」とファイル名を変更して、「ドキュメント」内のフォルダー「日商PC　データ活用3級Excel2019／2016」内のフォルダー「模擬試験」に保存すること。

ファイル「取引先分析」の内容
●シート「注文データ」

	A	B	C	D	E	F	G
1	注文日	取引先名	商品コード	単価（円）	数量	金額（円）	
2	4月1日	ファインスポーツ	FA112	6,420	2	12,840	
3	4月3日	古越商店	YY555	7,900	12	94,800	
4	4月3日	川端スポーツ本店	FA112	6,420	10	64,200	
5	4月6日	川端スポーツ本店	YA311	4,980	9	44,820	
6	4月7日	川端スポーツ本店	FB350	8,240	8	65,920	
7	4月10日	吉田スポーツ	TC420	5,380	2	10,760	
8	4月10日	川端スポーツ港南店	YA311	4,980	2	9,960	
9	4月11日	第一百貨店	FA112	6,420	2	12,840	
10	4月13日	古越商店	FA112	6,420	10	64,200	
11	4月15日	桜井野球堂	TD118	6,120	1	6,120	
12	4月15日	第一百貨店	TD118	6,120	2	12,240	
13	4月20日	吉田スポーツ	TT220	8,950	3	26,850	
14	4月21日	桜井野球堂	YB205	4,430	1	4,430	
15	4月22日	川端スポーツ本店	FB350	8,240	12	98,880	
16	4月24日	川端スポーツ本店	FA250	7,350	15	110,250	
17	4月26日	桜井野球堂	TD118	6,120	2	12,240	
18	4月26日	第一百貨店	TC420	5,380	2	10,760	
19	4月28日	ホームラン商店	YA311	4,980	1	4,980	
20	4月28日	桜井野球堂	FA250	7,350	2	14,700	
64	6月17日	古越商店	TD118	6,120	8	48,960	
65	6月20日	吉田スポーツ	FA250	7,350	2	14,700	
66	6月21日	桜井野球堂	FA112	6,420	2	12,840	
67	6月22日	古越商店	YB205	4,430	8	35,440	
68	6月29日	吉田スポーツ	TD118	6,120	1	6,120	
69	6月30日	古越商店	TA701	4,480	8	35,840	

注文データ　取引先別集計　取引先別分析

●シート「取引先別集計」

	A	B	C	D	E	F	G
1							
2	取引先名	数量	金額（円）				
3	川端スポーツ港南店						
4	川端スポーツ本店						
5	桜井野球堂						
6	第一百貨店						
7	ファインスポーツ						
8	古越商店						
9	ホームラン商店						
10	吉田スポーツ						
11	総計						
12							
13							

注文データ | 取引先別集計 | 取引先別分析 | ⊕

●シート「取引先別分析」

	A	B	C	D	E	F	G
1			取引先別ランク分析				
2	取引先名	金額（円）	構成比（%）	構成比累計（%）	ランク		
3							
4							
5							
6							
7							
8							
9							
10							
11							
12							
13							

注文データ | 取引先別集計 | 取引先別分析 | ⊕

第1章

第2章

第3章

第4章

第5章

第6章

模擬試験

付録

索引

模擬試験 問題

解答 ▶ 別冊P.23

本試験は、試験プログラムを使ったネット試験です。
本書の模擬試験は、試験プログラムを使わずに操作します。

知識科目 　　　　　　　　　　　　　　　　　　　　　　　試験時間の目安：5分

本試験の知識科目は、データ活用分野と共通分野から出題されます。
本書では、データ活用分野の問題のみを取り扱っています。共通分野の問題は含まれません。

■ 問題 1

ある一定期間の「**毎月の売上**」「**売上累計**」「**移動合計**」の3要素を折れ線グラフで表したものを、次の中から選びなさい。

1　パレート図

2　Zチャート

3　レーダーチャート

■ 問題 2

支店ごとの販売金額を比較するときに最も適切なグラフを、次の中から選びなさい。

1　縦棒グラフ

2　散布図

3　パレート図

■ 問題 3

ある商品の毎日の売上データから販売個数が10以下の日数を求めるときに使用する関数を、次の中から選びなさい。

1　COUNTIF関数

2　SUMIF関数

3　IF関数

■ 問題 4

総勘定元帳についての説明として適切なものを、次の中から選びなさい。

1　企業のある一定期間の収益（利益）や費用（損失）の状態を表した帳票

2　企業のある一定時点の「**資産**」「**負債**」「**純資産**」の財務状態を表した帳票

3　勘定科目ごとにすべての取引が転記された帳簿

■ 問題 5

企業間の取引で、月末などにまとめて支払ってもらう代金のことを何というか、次の中から選びなさい。

1　売掛金

2　買掛金

3　余剰金

■ **問題 6**　四捨五入で数値を丸めるときに使用する関数として適切なものを、次の中から選びなさい。

1　ROUND関数

2　ROUNDUP関数

3　ROUNDDOWN関数

■ **問題 7**　人事部では、次のようなフォルダーの作成ルールを決めている。フォルダー名として適切なものを、次の中から選びなさい。

「年度」+「業務内容」

1　2021年度人事部

2　2021年度採用通知

3　第21回会社説明会

■ **問題 8**　売上合計3,000万円のうち、書籍の売上が600万円だった。書籍が占める売上割合を、次の中から選びなさい。

1　5%

2　20%

3　60%

■ **問題 9**　表計算ソフトの集計機能を使って、次のような項目の販売データを商品別に集計するとき、事前に行う操作を、次の中から選びなさい。

販売日、得意先名、商品名、単価、数量、売上金額

1　商品名で並べ替える。

2　得意先名で並べ替える。

3　販売日で並べ替える。

■ **問題 10**　売上目標が500万円、売上実績が550万円のときの目標達成率を、次の中から選びなさい。

1　10%

2　90%

3　110%

本試験の実技科目は、試験プログラムを使って出題されます。
本書では、試験プログラムを使わずに操作します。

あなたは、食材小売店の在庫管理を担当しています。このたび、店長より4月から6月の穀類の在庫状況を把握できる資料を作成するよう指示されました。
問題の指示に従い、資料を作成しなさい。
なお、作成にあたっては、「ドキュメント」内のフォルダー「日商ＰＣ　データ活用3級 Excel2019／2016」内のフォルダー「模擬試験」にあるファイル「在庫管理表」（シート：「売上仕入状況」、「在庫集計表」、「国産大豆在庫表」）の3つのデータを使用しなさい。

問題1

シート「売上仕入状況」のデータをもとに、商品ごとの売上と仕入を月別に集計し、月末在庫を表示しなさい。その際、以下の指示に従うこと。

（指示）

❶シート「在庫集計表」に集計すること。

❷4月の期首在庫を次のとおりとし、「4月末在庫」「5月末在庫」「6月末在庫」欄に月末在庫を表示すること。

輸入大豆：43kg　　　輸入小麦：45kg　　　国産大豆：53kg　　　国産小麦：31kg 玄米：44kg

❸表のタイトルは「商品別在庫集計表」とし、太字にすること。

問題2

問題1で作成した表をもとに、商品ごとの月末在庫を比較した縦棒グラフを作成しなさい。その際、以下の指示に従うこと。

（指示）

❶グラフは新しいシートに作成し、シート名は「在庫比較グラフ」とすること。

❷グラフの数値軸には、単位を表示すること。

❸グラフのタイトルは「商品別月末在庫比較」とすること。

❹グラフの外側に値を表示すること。

❺グラフには、凡例を表示すること。

問題3

シート「売上仕入状況」から「国産大豆」のデータを抜き出して、売上と仕入の取引ごとの在庫の残高が確認できる商品在庫表を作成しなさい。その際、以下の指示に従うこと。

（指示）

❶シート「国産大豆在庫表」に作成すること。

❷「在庫残高」欄には、取引ごとの在庫数の残高を表示すること。

❸「発注」欄には、在庫残高が30未満になったときに「発注」と表示、それ以外のときは何も表示しないようにすること。

問題4

問題1〜問題3で作成した資料（シート）は、「在庫管理表」から「商品別在庫管理表」とファイル名を変更して、「ドキュメント」内のフォルダー「日商ＰＣ　データ活用3級Excel2019／2016」内のフォルダー「模擬試験」に保存すること。

ファイル「在庫管理表」の内容
●シート「売上仕入状況」

	A	B	C	D	E	F
1	日付	商品	売上（kg）	仕入（kg）		
2	4月1日	輸入小麦	20			
3	4月2日	国産小麦	10			
4	4月2日	国産小麦	30			
5	4月3日	国産小麦		40		
6	4月4日	玄米	20			
7	4月5日	輸入小麦		40		
8	4月5日	輸入小麦	15			
9	4月6日	玄米	15			
10	4月7日	玄米		40		
11	4月7日	輸入小麦	30			
12	4月8日	輸入小麦		40		
13	4月8日	輸入小麦	7			
14	4月9日	国産小麦	25			
15	4月10日	国産小麦		40		
16	4月10日	国産大豆	30			
117	6月23日	輸入小麦	10			
118	6月23日	輸入小麦	1			
119	6月24日	輸入小麦	3			
120	6月25日	国産小麦	3			
121	6月26日	国産大豆	5			
122	6月27日	国産大豆	4			
123	6月28日	国産大豆	2			
124	6月30日	国産大豆	10			
125						
126						

売上仕入状況　在庫集計表　国産大豆在庫表　⊕

●シート「在庫集計表」

	A	B	C	D	E	F	G	H	I	J	K
1											(単位：kg)
2			4月			5月			6月		
3	商品名	期首在庫	売上	仕入	4月末在庫	売上	仕入	5月末在庫	売上	仕入	6月末在庫
4	輸入大豆										
5	輸入小麦										
6	国産大豆										
7	国産小麦										
8	玄米										
9											
10											
11											
12											
13											

売上仕入状況　在庫集計表　国産大豆在庫表　⊕

●シート「国産大豆在庫表」

	A	B	C	D	E	F	G
1	国産大豆在庫表						
2					(単位：kg)		
3	日付	売上	仕入	在庫残高	発注		
4	期首在庫数						
5							
6							
7							
8							
9							
10							
11							
12							
13							
14							
15							
16							
17							
18							

売上仕入状況　在庫集計表　国産大豆在庫表　⊕

実技科目　ワンポイントアドバイス

第1章

第2章

第3章

第4章

第5章

第6章

模擬試験

付録

索引

1　実技科目の注意事項

日商PC検定試験は、インターネットを介して実施され、受験者情報の入力から試験の実施まで、すべて試験会場のPCを操作して行います。また、実技科目では、日商PC検定試験のプログラム以外に、表計算ソフトのExcelを使って解答します。

原則として、試験会場には自分のPCを持ち込むことはできません。慣れない環境で失敗しないために、次のような点に気を付けましょう。

❶PCの環境を確認する

試験会場によって、PCの環境は異なります。

現在、実技科目で使用できるExcelのバージョンは2013、2016、2019のいずれかで、試験会場によって異なります。

また、PCの種類も、デスクトップ型やノートブック型など、試験会場によって異なります。ノートブック型のPCの場合には、キーボードにテンキーがないこともあるため、数字の入力に戸惑うかもしれません。試験を開始してから戸惑わないように、事前に試験会場にアプリケーションソフトのバージョンや、PCの種類などを確認してから申し込むようにしましょう。

試験会場で席に着いたら、使用するPCの環境が申し込んだときの環境と同じであるか確認しましょう。

また、試験会場で使用するExcelは、普段使っている環境と同じとは限りません。

画面の解像度によってはリボンの表示の仕方が異なるなど、試験会場のPCによって設定が異なることがあります。自分の使いやすいように設定したいときは、試験官の許可をもらうようにしましょう。試験前に勝手にPCに触れると不正行為とみなされることもあるため、注意しましょう。

❷受験者情報は正確に入力する

試験が開始されると、受験者の氏名や生年月日といった受験者情報の入力画面が表示されます。ここで入力した内容は、試験結果とともに受験者データとして残るので、正確に入力します。

また、氏名と生年月日は本人確認のもととなり、ローマ字名は合格証にも表示されるので入力を間違えないように、十分注意しましょう。試験終了後に間違いに気づいた場合は、試験官にその旨を伝えて訂正してもらうようにしましょう。

これらの入力時間は、試験時間に含まれないので、落ち着いて入力しましょう。

❸使用するアプリケーションソフト以外は起動しない

試験が開始されたら、指定のアプリケーションソフト以外を起動すると、試験プログラムが誤動作したり、正しい採点が行われなくなったりする可能性があります。

また、Microsoft EdgeやInternet Explorerなどのブラウザーを起動してインターネットに接続すると、試験の解答につながる情報を検索したと判断されることがあります。

試験中は指定されたアプリケーションソフト以外は起動しないようにしましょう。

2　実技科目の操作のポイント

実技科目の問題は、「職場の上司からの指示」が想定されています。その指示を達成するためにどのような機能を使えばよいのか、どのような手順で進めればよいのかといった具体的な作業については、自分で考えながら解答する必要があります。

問題文をよく読んで、具体的にどのような作業をしなければならないのかを素早く判断する力が求められています。

解答を作成するにあたって、次のような点に気を付けましょう。

❶ 問題全体を確認する

データ活用の実技科目の問題には、複数の問が用意されています。まず、実技科目の問題文が表示されたら、全画面で表示して、問題全体を確認しましょう。

※下の画面は、サンプル問題のものです。実際の試験問題とは異なります。

問題文を全画面で表示

❷ 完成させる表を確認して、集計に必要なデータを判断する

問題文には、集計するための具体的な指示はありません。問題文や完成させる表を確認して、集計作業を行うために必要なデータを素早く判断することが重要です。まず、作業に入る前には、完成させるシートの表を確認して、項目の種類や、項目の位置など、表の構成をよく理解しましょう。

集計に必要なデータがシートに表示されていなければ、ほかのシートからデータをコピーしたり、数式を使ってデータを求めたりして集計を行う準備を整えます。

❸ ピボットテーブルを使って効率よく集計する

正しく集計できれば、集計するために使用する機能は問われません。しかし、日商PC検定試験 データ活用3級では複数の項目を集計したり、大量のデータを集計したりすることが多く、時間的な制約を考えると、ピボットテーブルを利用することが必須といえるでしょう。

●ピボットテーブル

▲	A	B	C	D	E	F
1						
2						
3	合計 / 売上金額(円)	列ラベル ▼				
4	行ラベル ▼	4月	5月	6月	総計	
5	銀座店	765000	806400	1235000	2806400	
6	渋谷店	680600	766000	585...	2032200	
7	新宿店	133200	780000	4738C...	1387000	
8	青山店	1757000	1098000	562400	3417400	
9	総計	3335800	3450400	2856800	...43000	
10						

●完成させる表　　　　　　　　　　　　必要なデータをコピー

▲	A	B	C	D	E	F
1		第1四半期支店別売上				
2					(単位:円)	
3	支店	4月	5月	6月	総計	
4	銀座店					
5	新宿店					
6	渋谷店					
7	青山店					
8	総計					
9						

❹ 完成させる表の構成を崩さない

集計結果を別の表に貼り付ける場合、集計結果と貼り付け先の項目の並び順が一致していることを確認しましょう。

また、貼り付け先の表に罫線や塗りつぶしの色が設定されている場合も、罫線や色の設定が崩れないように、値だけを貼り付けるようにしましょう。罫線の種類や色の設定が変更されたり、表の構成が崩れたりすると、減点されることがあるので注意しましょう。

また、表内に行や列を挿入し、あとから非表示にした場合、元の表と同じように見えますが、表の構成は変更されていると判断されます。

ただし、表の構成が崩れないのであれば、空いているセルを計算などに利用しても問題ありません。

❺ 数値の書式設定を忘れない

「数値には表示桁数や単位に関係なく、桁区切り(,)を設定」「金額を示す数値は整数」「割合を示す数値は小数点第1位まで表示」などの指示が問題文に記載されていることがあります。よく把握しておき、忘れないように設定しましょう。

また、特に指示がなくても、4桁以上の数値には必ず桁区切りスタイルを設定しましょう。

なお、数値の小数点以下の桁数を調整する場合、特に「切り捨て」「四捨五入」「切り上げ」などの指示がなければ、[←.0 .00] (小数点以下の表示桁数を増やす)や [.00 →.0] (小数点以下の表示桁数を減らす) などのボタンや、《セルの書式設定》ダイアログボックスを使って設定すると効率的です。

⑥ パーセント表示に注意する

割合や比率などを求める場合、数値には「%」の表示が必要です。ただし、表の項目に「目標達成率（%）」などのように入力されている場合は、表内の値に「%」を付ける必要はありません。このような場合は、値を求めるときに、「実績÷目標×100」として求めます。

D3	▼	⋮	×	✓	f_x	=C3/B3*100	

▲	A	B	C	D	E
1	第1四半期売上実績状況				
2	支店	第1四半期目標（円）	第1四半期実績（円）	目標達成率（%）	
3	銀座店	2,500,000	2,806,400	112.3	
4	新宿店	1,400,000	1,387,000	99.1	
5	渋谷店	2,000,000	2,032,200	101.6	
6	青山店	3,500,000	3,417,400	97.6	
7	総計	9,400,000	9,643,000	102.6	
8					

⑦ 問題文の指示どおりにグラフを作成する

表のデータに誤りがあればグラフにも反映されます。グラフを作成する前には、いったん表のデータを見直しましょう。

グラフのタイトルや凡例、データラベルなどの設定については、問題文の指示どおりに作成します。グラフが完成したら、指示が抜けていないか見直しましょう。

⑧ 指示以外の操作は控える

問題文に指示がないのに、見栄えがよいからといって表やグラフを装飾するようなことは控えましょう。

また、シート名を変更したり、シートの表示順序を変更したりすると、採点するシートを特定できなくなり、採点されない可能性があるので控えましょう。

⑨ 見直しをする

時間が余ったら、必ず見直しをするようにしましょう。ひらがなで入力しなければいけないのに、漢字に変換していたり、設問をひとつ解答し忘れていたりするなど、入力ミスや単純ミスで点を落としてしまうことも珍しくありません。確実に点を獲得するために、何度も見直して合格を目指しましょう。

⑩ 指示どおりに保存する

作成したファイルは、問題文で指定された保存場所に、指定されたファイル名で保存します。保存先やファイル名を間違えてしまうと、解答ファイルが無いとみなされ、採点されません。せっかく解答ファイルを作成しても、採点されないと不合格になってしまうので、必ず保存先とファイル名が正しいかを確認するようにしましょう。

ファイル名は、英数字やカタカナの全角や半角、英字の大文字や小文字が区別されるので、間違えないように入力します。また、ファイル名に余分な空白が入っている場合もファイル名が違うと判断されるので注意が必要です。

本試験では、時間内にすべての問題が解き終わらないこともあります。そのため、ファイルは最後に保存するのではなく、指定されたファイル名で最初に保存し、随時上書き保存するとよいでしょう。

Appendix

付録
日商PC検定試験の概要

| 日商PC |

日商PC検定試験「データ活用」とは

1　目的

「日商PC検定試験」は、ネット社会における企業人材の育成・能力開発ニーズを踏まえ、企業実務でIT（情報通信技術）を利活用する実践的な知識、スキルの修得に資するとともに、個人、部門、企業のそれぞれのレベルでITを利活用した生産性の向上に寄与することを目的に、「文書作成」、「データ活用」、「プレゼン資料作成」の3分野で構成され、それぞれ独立した試験として実施しています。中でも「データ活用」は、主としてExcelを活用し、業務データの活用、取り扱いを問う内容となっています。

2　受験資格

どなたでも受験できます。いずれの分野・級でも学歴・国籍・取得資格等による制限はありません。

3　試験科目・試験時間・合格基準等

級	知識科目	実技科目	合格基準
1級	30分（論述式）	60分	知識、実技の2科目とも70点以上（100点満点）で合格
2級	15分（択一式）	40分	
3級	15分（択一式）	30分	
Basic（基礎級）	―	30分	実技科目70点以上（100点満点）で合格

※Basic（基礎級）に知識科目はありません。

4　試験方法

インターネットを介して試験の実施から採点、合否判定までを行う「ネット試験」で実施します。

※2級、3級およびBasic（基礎級）は試験終了後、即時に採点・合否判定を行います。1級は答案を日本商工会議所に送信し、中央採点で合否を判定します。

5　受験料（税込み）

1級	2級	3級	Basic（基礎級）
10,480円	7,330円	5,240円	4,200円

※上記受験料は、2020年12月現在（消費税10%）のものです。

6　試験会場

商工会議所ネット試験施行機関（各地商工会議所、および各地商工会議所が認定した試験会場）

7　試験日時

●1級　　　　　　　　　　日程が決まり次第、検定試験ホームページ等で公開します。

●2級・3級・Basic（基礎級）　各ネット試験施行機関が決定します。

8　受験申込方法

検定試験ホームページで最寄りのネット試験施行機関を確認のうえ、直接お問い合わせください。

9　その他

試験についての最新情報および詳細は、検定試験ホームページでご確認ください。

検定試験ホームページ	https://www.kentei.ne.jp/

第1章

第2章

第3章

第4章

第5章

第6章

模擬試験

付録

索引

「データ活用」の内容と範囲

1　1級

自ら課題やテーマを設定し、業務データベースを各種の手法を駆使して分析するとともに、適切で説得力のある業務報告・レポート資料等を作成し、問題解決策や今後の戦略・方針等を立案する。

科目	内容と範囲
知識科目	○2、3級の試験範囲を修得したうえで、第三者に正確かつわかりやすく説明することができる。 ○業務データの全ライフサイクル（作成、伝達、保管、保存、廃棄）を考慮し、社内における業務データ管理方法を提案できる。 ○基本的な企業会計に関する知識を身につけている。（決算、配当、連結決算、国際会計、キャッシュフロー、ディスクロージャー、時価主義） <div style="text-align:right">等</div><hr>（共通） ○企業実務で必要とされるハードウェア、ソフトウェア、ネットワークに関し、第三者に正確かつわかりやすく説明することができる。 ○ネット社会に対応したデジタル仕事術を理解し、自社の業務に導入・活用できる。 ○インターネットを活用した新たな業務の進め方、情報収集・発信の仕組を提示できる。 ○複数のプログラム間での電子データの相互運用が実現できる。 ○情報セキュリティやコンプライアンスに関し、社内で指導的立場となれる。 <div style="text-align:right">等</div>
実技科目	○企業実務で必要とされる表計算ソフト、文書作成ソフト、データベースソフト、プレゼンテーションソフトの機能、操作方を修得している。 ○当該業務に必要な情報を取捨選択するとともに、最適な作業手順を考え業務に当たれる。 ○表計算ソフトの関数を自在に活用できるとともに、各種分析手法の特徴と活用法を理解し、目的に応じて使い分けができる。 ○業務で必要とされる計数・市場動向を示す指標・経営指標等を理解し、問題解決や今後の戦略・方針等を立案できる。 ○業務データベースを適切な方法で分析するとともに、表現技術を駆使し、説得力ある業務報告・レポート・プレゼンテーション資料を作成できる。 ○当該業務に係る情報をウェブサイトから収集し活用することができる。 <div style="text-align:right">等</div>

Excelを用い、当該業務に関する最適なデータベースを作成するとともに、適切な方法で分析し、表やグラフを駆使して業務報告・レポート等を作成する。

科目	内容と範囲
知識科目	○電子認証の仕組み（電子署名、電子証明書、認証局、公開鍵暗号方式等）について理解している。 ○企業実務で必要とされるビジネスデータの取り扱い（売上管理、利益分析、生産管理、マーケティング、人事管理等）について理解している。 ○業種別の業務フローについて理解している。 ○業務改善に関する知識（問題発見の手法、QC等）を身につけている。 <div align="right">等</div><hr>（共通） ○企業実務で必要とされるハードウェア、ソフトウェア、ネットワークに関する実践的な知識を身につけている。 ○業務における電子データの適切な取り扱い、活用について理解している。 ○ソフトウェアによる業務データの連携について理解している。 ○複数のソフトウェア間での共通操作を理解している。 ○ネットワークを活用した効果的な業務の進め方、情報収集・発信について理解している。 ○電子メールの活用、ホームページの運用に関する実践的な知識を身につけている。 <div align="right">等</div>
実技科目	○企業実務で必要とされる表計算ソフト、文書作成ソフトの機能、操作方を身につけている。 ○表計算ソフトを用いて、当該業務に関する最適なデータベースを作成することができる。 ○表計算ソフトの関数を駆使して、業務データベースから必要とされるデータ、値を求めることができる。 ○業務データベースを適切な方法で分析するとともに、表やグラフを駆使し的確な業務報告・レポートを作成できる。 ○業務で必要とされる計数（売上・売上原価・粗利益等）を理解し、業務で求められる数値計算ができる。 ○業務データを分析し、当該ビジネスの現状や課題を把握することができる。 ○業務データベースを目的に応じ分類、保存し、業務で使いやすいファイル体系を構築できる。 <div align="right">等</div>

3　3級

Excelを用い、指示に従い正確かつ迅速に業務データベースを作成し、集計、分類、並べ替え、計算、グラフ作成等を行う。

科目	内容と範囲
知識科目	○取引の仕組み（見積、受注、発注、納品、請求、契約、覚書等）と業務データの流れについて理解している。 ○データベース管理（ファイリング、共有化、再利用）について理解している。 ○電子商取引の現状と形態、その特徴を理解している。 ○電子政府、電子自治体について理解している。 ○ビジネスデータの取り扱い（売上管理、利益分析、生産管理、顧客管理、マーケティング等）について理解している。 <div align="right">等</div>
	（共通） ○ハードウェア、ソフトウェア、ネットワークに関する基本的な知識を身につけている。 ○ネット社会における企業実務、ビジネススタイルについて理解している。 ○電子データ、電子コミュニケーションの特徴と留意点を理解している。 ○デジタル情報、電子化資料の整理・管理について理解している。 ○電子メール、ホームページの特徴と仕組みについて理解している。 ○情報セキュリティ、コンプライアンスに関する基本的な知識を身につけている。 <div align="right">等</div>
実技科目	○企業実務で必要とされる表計算ソフトの機能、操作方を一通り身につけている。 ○業務データの迅速かつ正確な入力ができ、紙媒体で収集した情報のデジタルデータベース化が図れる。 ○表計算ソフトにより業務データを一覧表にまとめるとともに、指示に従い集計、分類、並べ替え、計算等ができる。 ○各種グラフの特徴と作成方を理解し、目的に応じて使い分けできる。 ○指示に応じた適切で正確なグラフ作成ができる。 ○表およびグラフにより、業務データを分析するとともに、売上げ予測など分析結果を業務に生かせる。 ○作成したデータベースに適切なファイル名をつけ保存するとともに、日常業務で活用しやすく整理分類しておくことができる。 <div align="right">等</div>

※本書で学習できる範囲は、表の網かけ部分となります。

4 Basic（基礎級）

Excelの基本的な操作スキルを有し、企業実務に対応することができる。

科目	内容と範囲
実技科目	○企業実務で必要とされる表計算ソフトの機能、操作方の基本を身につけている。 ○指示に従い、正確に業務データの入力ができる。 ○指示に従い、表計算ソフトにより、並べ替え、順位付け、抽出、計算等ができる。 ○指示に従い、グラフが作成できる。 ○指示に従い、作成したファイルにファイル名を付け保存することができる。 　　　　　　　　　　　　　　　　　　　　　　　　　　　　　　　　等
使用する機能の範囲	○ワークシートへの入力 　・データ（数値・文字）の入力 　・計算式の入力（相対参照・絶対参照） ○関数の入力〔SUM、AVG、INT、ROUND、IF、ROUNDUP、ROUNDDOWN等〕 ○ワークシートの編集 　・データ（数値・文字）・式の編集／消去 　・データ（数値・文字）・式の複写／移動 　・行または列の挿入／削除 ○ワークシートの表示／装飾 　・データ（数値・文字）の表示形式変更 　・データ（数値・文字）の配置変更 　・データ（数値・文字）サイズの変更 　・列（セル）幅の変更 　・罫線の設定 ○グラフの作成 　・グラフ作成〔折れ線・横棒・縦棒・積み上げ・円等〕 　・グラフの装飾 ○データベース機能の利用 　・ソート（並べ替え） 　・データの検索・削除・抽出・置換・集計 ○ファイル操作 　・ファイルの保存、読込み 　　　　　　　　　　　　　　　　　　　　　　　　　　　　　　　　等

試験実施イメージ

試験開始ボタンをクリックすると、試験センターから試験問題がダウンロードされ、試験開始となります。（試験問題は受験者ごとに違います。）

試験は、知識科目、実技科目の順に解答します。

知識科目では、上部の問題を読んで下部の選択肢のうち正解と思われるものを選びます。解答に自信がない問題があったときは、「見直しチェック」欄をクリックすると「解答状況」の当該問題番号に色が付くので、あとで時間があれば見直すことができます。

【参考】3級知識科目

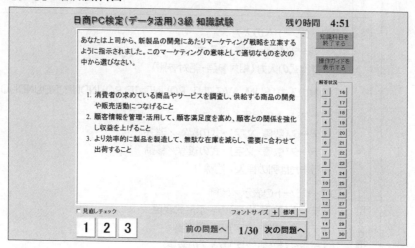

知識科目を終了すると、実技科目に移ります。試験問題で指定されたファイルを呼び出して（アプリケーションソフトを起動）、答案を作成します。

【参考】3級実技科目

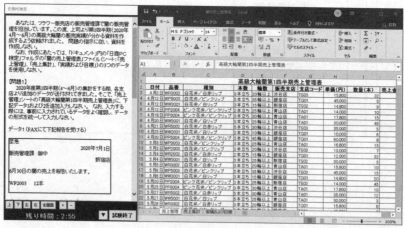

作成した答案を試験問題で指定されたファイル名で保存します。

答案（知識、実技両科目）はシステムにより自動採点され、得点と合否結果（両科目とも70点以上で合格）が表示されます。

※【参考】の問題はすべてサンプル問題のものです。実際の試験問題とは異なります。

Index

索引

第1章
第2章
第3章
第4章
第5章
第6章
模擬試験
付録
索引

第1章
第2章
第3章
第4章
第5章
第6章
模擬試験
付録
索引

よくわかるマスター

日商PC検定試験 データ活用 3級

公式テキスト&問題集

Microsoft® Excel® 2019/2016 対応

（FPT2011）

2021年 2 月 4 日　初版発行
2023年 5 月28日　初版第 8 刷発行

©編者：日本商工会議所　IT活用能力検定研究会

発行者：山下　秀二

発行所：FOM出版（富士通エフ・オー・エム株式会社）
　　　　〒212-0014 神奈川県川崎市幸区大宮町 1 番地 5　JR川崎タワー
　　　　　　　　　 株式会社富士通ラーニングメディア内
　　　　　　　　　 https://www.fom.fujitsu.com/goods/

印刷／製本：アベイズム株式会社

表紙デザインシステム：株式会社アイロン・ママ

緑色の用紙の内側に、別冊「解答と解説」が添付されています。

別冊は必要に応じて取りはずせます。取りはずす場合は、この用紙を1枚めくっていただき、別冊の根元を持って、ゆっくりと引き抜いてください。

日本商工会議所

日商PC検定試験 データ活用3級 公式テキスト&問題集

Microsoft® Excel® 2019／2016対応

解答と解説

Ａnswer 確認問題 解答と解説

第1章　取引の仕組みと業務の流れ

知識科目

■問題1

（解答）　**2　BtoB**

（解説）　企業と企業が取引を行う形態をBtoBといいます。
BtoCは企業と個人、GtoBは政府機関と企業が行う取引形態です。

■問題2

（解答）　**1　売掛金**

（解説）　あとで受け取る場合の代金を売掛金といいます。
買掛金は、あとで支払う場合の代金のことです。
未払金は、本来の営業活動以外で発生した負債で、まだ支払いを行っていない代金のことです。

■問題3

（解答）　**3　見積有効期限**

（解説）　見積書には必ず見積有効期限を記載します。見積書を提出したあとに、仕入価格や原材料費の変動で提供できる価格が変わる場合があります。そのため、見積書には記載した価格で提供できる期限を明記します。
支払方法は発注書に、検収日は検収書に記載します。

■問題4

（解答）　**1　貸借対照表**

（解説）　企業のある一定時点の「**資産**」「**負債**」「**純資産**」の財務状態を表した帳票のことを貸借対照表といいます。
損益計算書は、企業のある一定期間の収益（利益）や費用（損失）の状態を表した帳票のことです。
総勘定元帳は、勘定科目ごとにすべての取引が転記された帳簿のことです。

■問題5

（解答）　**1　総勘定元帳**

（解説）　財務諸表には、貸借対照表、損益計算書、キャッシュフロー計算書が含まれます。
総勘定元帳は、財務諸表には含まれません。貸借対照表や損益計算書は、総勘定元帳から作成されます。

■問題6

（解答）　**2　固定費**

（解説）　人件費や賃借料など決まって必要となる費用を固定費といいます。
変動費は、原材料費など売上に比例して増減する費用のことです。
経常利益は、営業利益に本業以外の収益を含めた利益のことです。

知識科目

■問題1

(解答) **1** 累計

(解説) 2つ以上の要素を順に足して合計を求める処理は累計です。
合計は、すべての要素を同時に足して求めます。
概算は、おおよその数を使って計算します。

■問題2

(解答) **3** MAX関数

(解説) 最高点を求めるときに使用する関数はMAX関数です。
MIN関数は最小値（最低点）を、AVERAGE関数は平均点を求めるときに使用します。

■問題3

(解答) **1** ROUNDDOWN関数

(解説) 消費税では、小数点以下を切り捨て処理します。切り捨てを行う端数処理の関数はROUNDDOWN関数です。
AVERAGE関数は平均を、IF関数は条件により異なった結果を求めるときに使用します。

■問題4

(解答) **1** IF関数

(解説) 70点以上と70点未満で異なる結果を表示するためには、条件により異なった処理が行えるIF関数を使用します。
MIN関数は、最小値を求める関数です。
RANK.EQ関数はデータ範囲の中で、対象の数値の順位を求める関数です。

■問題5

(解答) **1** 前年比＝今年の実績÷昨年の実績×100

(解説) 前年比は、昨年の実績に対する今年の実績の割合のことで、「1」の計算式で求められます。

■問題6

(解答) **2** 80%

(解説) 原価率は、売上高に対する売上原価の割合のことで、次の計算式で求められます。

> 原価率＝売上原価÷売上高×100

計算式に値を代入すると、120円÷150円×100＝80になるため、原価率は80%です。

■問題7

(解答) **1** 担当者を基準に並べ替える。

(解説) 集計を行う場合、集計する項目を基準として事前に並べ替えます。担当者別に集計するので、担当者を基準に並べ替えを行います。

■問題8

(解答) **3** 降順

(解説) 並べ替えにおいて、「昇順」は小さなものから大きなものに、「降順」は大きなものから小さなものに並べ替えることです。在庫数量の多い順に並べ替えるということは、大きなものから小さなものに並べ替えることになり「降順」になります。

■問題9

(解答) **1** レジ担当者別の数量の集計

(解説) 項目が存在しないと集計を行うことはできません。「仕入先」と「販売時間」は項目として存在しないため、集計できません。なお、「販売時間」ではなく、「販売日」であれば集計できます。

■問題10

(解答) **2** ピボットテーブル

(解説) ピボットテーブルは、集計処理を簡単に行えるよう表計算ソフトに用意された便利な機能です。「担当者ごとの車種別集計」などのように複数の項目で集計するときに使用します。
オートフィルは、データをコピーしたり、連続データを入力したりするときに使用します。
IF関数は条件により異なった結果を求めるときに使用します。

知識科目

■ 問題1

解答 **2** データの比較や推移を視覚的に表すため。

解説 データをグラフ化する目的は、データの大小や時間の経過による推移を視覚的に捉えることです。グラフ化では、データの属性や商品の魅力は視覚化できません。

■ 問題2

解答 **1** 円グラフ

解説 全体の投票数に対する候補者の得票数の割合を比較するので、円グラフが最も適切です。

折れ線グラフは、時間の経過による推移を、レーダーチャートは項目間のバランスを表します。

■ 問題3

解答 **3** 折れ線グラフ

解説 半年間の売上推移を比較するので、折れ線グラフが最も適切です。

積み上げ縦棒グラフは、項目ごとのデータの大きさと内訳を同時に視覚化します。

散布図は、データをプロットし、縦軸と横軸の関係を視覚化します。

■ 問題4

解答 **2** 事業の成長傾向

解説 Zチャートでは、Zの形が右肩上がりであれば成長傾向、右肩下がりであれば衰退傾向と判断できます。したがって、事業の成長傾向がわかります。

商品別の売上割合は円グラフを作成することでわかります。

売れ筋商品の分析はＡＢＣ分析を行うことでわかります。

■ 問題5

解答 **1** 武田商店様見積書20210826

解説 ファイル名のルールは「部署名＋業務内容＋日付」です。「武田商店様見積書20210826」は、「武田商店様」とあるので部署名ではなく取引先名です。したがって「1」がルールと異なったファイル名です。要素間に、スペースやアンダーバー、ハイフンなどを入れて視認性を上げることもよい方法です。

■ 問題6

解答 **1** 書き込みパスワードを設定する。

解説 書き込みパスワードを設定しておくと、ファイルを保存するときにパスワードが要求されるので、パスワードを知らないとファイルを保存できません。

実技科目

完成例

●シート「入会者数」

ポイント1　ポイント2　ポイント3　ポイント4

NPCスポーツクラブ

店舗別新規入会者数

エリア	店舗名	目標(人)	4月	5月	6月	7月	8月	9月	合計(人)	目標達成率(%)	表彰	評価
	池袋	250	39	31	28	42	53	63	256	102.4	○	A
	大森	180	21	18	19	25	26	36	145	80.6	×	C
	多摩	230	25	37	41	48	36	40	227	98.7	×	B
	練馬	200	36	34	36	21	28	41	196	98.0	×	B
	府中	200	26	24	26	41	45	31	193	96.5	×	B
	三鷹	250	45	48	41	43	47	28	252	100.8	○	A
関東	青葉台	150	23	17	18	21	22	31	132	88.0	×	C
	湘南台	150	31	29	25	21	30	29	165	110.0	○	A
	横浜	250	52	53	12	46	47	36	246	98.4	×	B
	船橋	180	30	24	25	21	22	26	148	82.2	×	C
	松戸	150	15	24	21	18	21	21	120	80.0	×	C
	川口	150	23	23	24	23	25	33	151	100.7	○	A
	大宮	200	37	24	26	26	26	22	161	80.5	×	C
	豊橋	180	27	27	22	32	33	41	182	101.1	○	A
	名古屋	200	32	34	36	40	40	39	221	110.5	○	A
東海	静岡	250	25	23	21	64	62	66	261	104.4	○	A
	浜松	250	51	51	38	46	47	36	269	107.6	○	A
	岐阜	130	22	22	12	26	27	25	134	103.1	○	A
	梅田	250	35	35	35	33	34	35	207	82.8	×	C
	堺	200	31	38	39	35	37	36	216	108.0	○	A
	吹田	180	19	35	36	25	25	25	165	91.7	×	B
	豊中	180	21	18	19	25	26	36	145	80.6	×	C
関西	枚方	180	22	19	19	28	29	30	147	81.7	×	C
	長岡京	150	21	22	24	29	26	29	151	100.7	○	A
	伏見	150	21	18	19	24	26	36	143	95.3	×	B
	西宮	180	21	22	17	27	26	45	158	87.8	×	C
	姫路	200	21	22	23	25	33	40	164	82.0	×	C
合計(人)		5,220	772	772	702	856	897	956	4,955	94.9		

●シート「会員数」

ポイント5

NPCスポーツクラブ

性別・年代別会員数

性別	20代以下	30代	40代	50代	60代以上	合計(人)	構成比(%)
男性	1,938	1,952	1,354	1,487	1,987	8,718	59.1
女性	2,301	1,453	987	784	512	6,037	40.9
合計(人)	4,239	3,405	2,341	2,271	2,499	14,755	100.0
構成比(%)	28.7	23.1	15.9	15.4	16.9	100.0	

入会者数　会員数

解答のポイント

ポイント1

4行目の項目名でセル幅よりも長い文字列が入力されているのは、「目標（人）」「合計（人）」「目標達成率（%）」です。改行位置で Alt + Enter を押して読みやすい位置で改行することもできますが、[折り返して全体を表示する] を使って、複数の項目の改行を一度に設定するとよいでしょう。

ポイント2

問題文に「何行目に追加」という具体的な指示はないので、追加する内容から位置を読み取る必要があります。ここで追加するのは店舗コードが「KT-009」のデータです。表は、店舗コードの昇順で入力されているので、店舗コード「KT-008」の下に追加します。

確認問題

第1回　第2回　第3回　採点シート

ポイント3

条件を満たすか満たさないかで値を求めるには、IF関数を使います。

通常、IF関数は「=IF(論理式, 値が真の場合, 値が偽の場合)」のように引数を指定します。

ポイント4

2019

複数の条件を満たすか満たさないかで値を求めるには、IFS関数を使います。

通常、IFS関数は「=IFS(論理式1,値が真の場合1,論理式2,値が真の場合2,…,TRUE,当てはまらなかった場合)」のように引数を指定します。

2016

複数の条件を満たすか満たさないかで値を求めるには、複数のIF関数を組み合わせ(ネスト)て条件を設定します。

ポイント5

表内のすべての数値を合計するので、Σ(合計)を使って縦横の合計を一度に求めると効率的です。

操作手順

❶

①シート「入会者数」のセル【A2】をダブルクリックします。

②「店舗別新規入会者数」に修正します。

③ Enter を押します。

④セル範囲【A2：N2】を選択します。

⑤《ホーム》タブを選択します。

⑥《配置》グループの 目 (セルを結合して中央揃え)をクリックします。

❷

①シート「入会者数」のセル範囲【A4：N4】を選択します。

②《ホーム》タブを選択します。

③《配置》グループの (折り返して全体を表示する)をクリックします。

❸

①シート「入会者数」のセル【I7】に「36」と入力します。

※上書きで修正します。

②セル【J7】に「40」と入力します。

※上書きで修正します。

❹

①シート「入会者数」の行番号【13】を右クリックします。

②《挿入》をクリックします。

③セル【B12】を選択し、セル右下の■(フィルハンドル)をセル【B13】までドラッグします。

※「KT-009」が入力されます。

④セル【C13】に「横浜」と入力します。

⑤セル【D13】に「250」と入力します。

⑥セル【E13】に「52」と入力します。

⑦セル【F13】に「53」と入力します。

⑧セル【G13】に「12」と入力します。

⑨セル【H13】に「46」と入力します。

⑩セル【I13】に「47」と入力します。

⑪セル【J13】に「36」と入力します。

❺

①シート「入会者数」のセル【D32】をクリックします。

②《ホーム》タブを選択します。

③《編集》グループの Σ (合計)をクリックします。

④数式バーに「=SUM(D5:D31)」と表示されていることを確認します。

⑤ Enter を押します。

⑥セル【D32】を選択し、セル右下の■(フィルハンドル)をセル【J32】までドラッグします。

⑦セル【K5】をクリックします。

⑧《編集》グループの Σ (合計)をクリックします。

⑨数式バーに「=SUM(D5:J5)」と表示されていることを確認します。

⑩セル範囲【E5：J5】を選択します。

⑪ Enter を押します。

⑫セル【K5】を選択し、セル右下の■(フィルハンドル)をセル【K32】までドラッグします。

⑬セル範囲【K5：K31】を選択します。

⑭ をクリックします。

⑮《エラーを無視する》をクリックします。

※数式にエラーがあるかもしれない場合、数式を入力したセルに とセル左上に (エラーインジケータ)が表示されます。これは、合計するセル範囲と隣接するセルの「目標(人)」が範囲に含まれていないためです。エラーではないので、 →《エラーを無視する》をクリックして、エラーを無視します。

⑯セル範囲【D5：K32】を選択します。

⑰《数値》グループの , (桁区切りスタイル)をクリックします。

❻

①シート「入会者数」のセル【L5】に「=K5/D5＊100」と入力します。

②セル【L5】を選択し、セル右下の■(フィルハンドル)をセル【L32】までドラッグします。

③セル範囲【L5：L32】が選択されていることを確認します。

④《ホーム》タブを選択します。

⑤《数値》グループの (表示形式)をクリックします。

⑥《表示形式》タブを選択します。

⑦《分類》の一覧から《数値》を選択します。

⑧《小数点以下の桁数》を「1」に設定します。

⑨《OK》をクリックします。

※すべての数値が小数点第1位の表示になります。

❼
①シート「入会者数」のセル【M5】に「=IF(L5>=100,"○","×")」と入力します。
②セル【M5】を選択し、セル右下の■(フィルハンドル)をダブルクリックします。
※数式が31行目までコピーされます。

❽
① 2019
シート「入会者数」のセル【N5】に「=IFS(L5>=100,"A",L5>=90,"B",TRUE,"C")」と入力します。
2016
シート「入会者数」のセル【N5】に「=IF(L5>=100,"A",IF(L5>=90,"B","C"))」と入力します。
②セル【N5】を選択し、セル右下の■(フィルハンドル)をダブルクリックします。
※数式が31行目までコピーされます。

❾
①シート「入会者数」の列番号【B】を右クリックします。
②《非表示》をクリックします。

❿
①シート「会員数」のセル【H8】をクリックします。
②《ホーム》タブを選択します。
③《フォント》グループの (フォントの設定)をクリックします。
④《罫線》タブを選択します。
⑤《スタイル》の一覧から《────》を選択します。
⑥《罫線》の をクリックします。
⑦《OK》をクリックします。

⓫
①シート「会員数」のセル範囲【B5:G7】を選択します。
②《ホーム》タブを選択します。
③《編集》グループの Σ (合計)をクリックします。
④セル範囲【B5:G7】が選択されていることを確認します。
⑤《数値》グループの , (桁区切りスタイル)をクリックします。

⓬
①シート「会員数」のセル【B8】に「=B7/$G$7*100」と入力します。
※数式をコピーしたときに全体の合計が常に同じセルを参照するように、絶対参照「$G$7」にします。
※数式の入力中に F4 を押すと、「$」が付きます。
②セル【B8】を選択し、セル右下の■(フィルハンドル)をセル【G8】までドラッグします。
③セル【H5】に「=G5/$G$7*100」と入力します。
※数式をコピーしたときに全体の合計が常に同じセルを参照するように、絶対参照「$G$7」にします。
※数式の入力中に F4 を押すと、「$」が付きます。

④セル【H5】を選択し、セル右下の■(フィルハンドル)をセル【H7】までドラッグします。
⑤セル範囲【B8:G8】を選択します。
⑥ Ctrl を押しながら、セル範囲【H5:H7】を選択します。
⑦《ホーム》タブを選択します。
⑧《数値》グループの (表示形式)をクリックします。
⑨《表示形式》タブを選択します。
⑩《分類》の一覧から《数値》を選択します。
⑪《小数点以下の桁数》を「1」に設定します。
⑫《OK》をクリックします。
※すべての数値が小数点第1位の表示になります。

⓭
①シート「会員数」の行番号【5】から行番号【8】までドラッグします。
②選択した行を右クリックします。
③《行の高さ》をクリックします。
④《行の高さ》に「20」と入力します。
⑤《OK》をクリックします。

⓮
①シート「会員数」の列番号「A」を右クリックします。
②《列の幅》をクリックします。
③《列の幅》に「14」と入力します。
④《OK》をクリックします。

⓯
①《ファイル》タブを選択します。
②《名前を付けて保存》をクリックします。
③《参照》をクリックします。
④ファイルを保存する場所を選択します。
※《PC》→《ドキュメント》→「日商PC データ活用3級 Excel2019／2016」→「第4章」を選択します。
⑤《ファイル名》に「2021年度上期_会員数」と入力します。
⑥《保存》をクリックします。

実技科目

完成例

●シート「集計」

	A	B	C	D	E	F	G	H
1		新商品試飲会アンケート集計						
2		●調査対象						
3		性別	人数					
4		男性	92					
5		女性	208					
6		合計	300					
7								
8		年代	人数					
9		20代	134					
10		30代	90					
11		40代	45					
12		50代	31					
13		合計	300					
14								
15		●デザイン						
16			男性	女性	合計			
17		A	35	95	130			
18		B	21	47	68			
19		C	36	66	102			
20		合計	92	208	300			
21								
22			20代	30代	40代	50代	合計	
23		A	73	34	15	8	130	
24		B	26	26	10	6	68	
25		C	35	30	20	17	102	
26		合計	134	90	45	31	300	
27								
28		●評価点数（平均）						
29		性別	年代	味わい	香り	飲みやすさ	価格	
30			20代	8.3	8.4	7.3	5.8	
31		男性	30代	8.4	8.5	7.3	5.2	
32			40代	7.9	7.9	7.2	5.6	
33			50代	7.9	7.8	7.4	5.8	
34			20代	8.9	8.9	8.0	6.9	
35		女性	30代	8.6	8.8	7.7	6.9	
36			40代	7.2	8.0	6.8	6.8	
37			50代	7.1	7.5	6.3	6.1	
38		全体		8.4	8.5	7.5	6.4	
39								

ポイント1（17〜19行目）
ポイント2（30〜38行目）
ポイント3（30〜38行目）

Sheet1　アンケート　集計　＋

解答のポイント

ポイント1

集計機能を使って集計する場合には、もとデータのシート「アンケート」の表をあらかじめ並べ替えておくことを忘れないようにしましょう。性別ごとにデザインの選択肢「A」「B」「C」を集計するには、表は「性別」で並べ替え、「性別」が同じであれば「デザイン」の選択肢ごとに並べ替えてグループ化しておきます。

複数条件で並べ替えるには、《データ》タブ→ （並べ替え）を使って《並べ替え》ダイアログボックスで指定します。

ポイント2

ピボットテーブルを使って複数の項目を集計する場合、

集計表の構成をよく確認しましょう。シート「集計」の「●評価点数（平均）」表を確認すると、B列に性別、C列に年代が表示されているので、行ラベルエリアに「性別」と「年代」を配置するということがわかります。また、29行目には「味わい」「香り」「飲みやすさ」「価格」といった値エリアで集計する項目が表示されています。このような場合は列ラベルエリアには何も配置する必要はありません。

また、集計表には、評価点数の平均点を表示するため、集計方法を変更することも忘れないようにしましょう。

ポイント3

行ラベルエリアの項目を降順に並べ替えると、男女の値をまとめてコピーできます。

行ラベルエリアの ▼ を使うと、昇順または降順に並べ替えることができます。

確認問題 解答と解説

❶

① シート「集計」のセル【C4】に「=COUNTIF(」と入力します。

② シート「アンケート」のセル範囲【B8:B307】を選択します。

※開始セルを選択し、[Ctrl]+[Shift]+[↓]を押すと効率よく選択できます。

③ [F4]を押します。

※数式をコピーしたときに条件範囲が常に同じセル範囲を参照するように、絶対参照「$B$8:$B$307」にします。

④ 数式の続きに「,」を入力します。

⑤ シート「集計」のセル【B4】をクリックします。

⑥ 数式の続きに「)」を入力します。

⑦ 数式バーに「=COUNTIF(アンケート!$B$8:$B$307,集計!B4)」と表示されていることを確認します。

⑧ [Enter]を押します。

⑨ セル【C4】を選択し、セル右下の■(フィルハンドル)をダブルクリックします。

※数式がセル【C5】にコピーされます。

❷

① シート「集計」のセル【C9】に「=COUNTIF(」と入力します。

② シート「アンケート」のセル範囲【C8:C307】を選択します。

※開始セルを選択し、[Ctrl]+[Shift]+[↓]を押すと効率よく選択できます。

③ [F4]を押します。

※数式をコピーしたときに条件範囲が常に同じセル範囲を参照するように、絶対参照「$C$8:$C$307」にします。

④ 数式の続きに「,」を入力します。

⑤ シート「集計」のセル【B9】をクリックします。

⑥ 数式の続きに「)」を入力します。

⑦ 数式バーに「=COUNTIF(アンケート!$C$8:$C$307,集計!B9)」と表示されていることを確認します。

⑧ [Enter]を押します。

⑨ セル【C9】を選択し、セル右下の■(フィルハンドル)をダブルクリックします。

※数式がセル【C12】までコピーされます。

❸

① シート「アンケート」のセル【A7】をクリックします。

※表内のセルであれば、どこでもかまいません。

② 《データ》タブを選択します。

③ 《並べ替えとフィルター》グループの 🔲 (並べ替え)をクリックします。

④ 《先頭行をデータの見出しとして使用する》を ☑ にします。

⑤ 《最優先されるキー》の《列》の ☑ をクリックし、一覧から「性別」を選択します。

⑥ **2019**
《並べ替えのキー》が《セルの値》になっていることを確認します。

2016
《並べ替えのキー》が《値》になっていることを確認します。

⑦ 《順序》の ☑ をクリックし、一覧から《降順》を選択します。

※降順に並べ替えると、男性が先頭に並び替わります。

⑧ 《レベルの追加》をクリックします。

⑨ 《次に優先されるキー》の《列》の ☑ をクリックし、一覧から「デザイン」を選択します。

⑩ **2019**
《並べ替えのキー》が《セルの値》になっていることを確認します。

2016
《並べ替えのキー》が《値》になっていることを確認します。

⑪ 《順序》が《昇順》になっていることを確認します。

⑫ 《OK》をクリックします。

※性別が同じであれば、その中でデザインの選択肢ごとに並び替わります。

⑬ セル【A7】が選択されていることを確認します。

※表内のセルであれば、どこでもかまいません。

⑭ 《アウトライン》グループの 🔲 (小計)をクリックします。

※《アウトライン》グループが表示されていない場合は、🔲 (アウトライン)をクリックします。

⑮ 《グループの基準》の ☑ をクリックし、一覧から「デザイン」を選択します。

⑯ **2019**
《集計の方法》の ☑ をクリックし、一覧から《個数》を選択します。

2016
《集計の方法》の ☑ をクリックし、一覧から《データの個数》を選択します。

⑰ 《集計するフィールド》の「デザイン」を ☑ にします。

⑱ 「価格」を ☐ にします。

⑲ 《OK》をクリックします。

⑳ 行番号の左の [2] をクリックします。

※先頭の「A 個数」「B 個数」「C 個数」または「A データの個数」「B データの個数」「C データの個数」が男性の集計です。

㉑ シート「アンケート」のセル範囲【D43:D102】を選択します。

㉒ 《ホーム》タブを選択します。

㉓ 《編集》グループの 🔲 (検索と選択)をクリックします。

㉔ 《条件を選択してジャンプ》をクリックします。

㉕《可視セル》を●にします。

㉖《OK》をクリックします。

㉗《クリップボード》グループの 🗐 (コピー)をクリックします。

㉘シート「集計」のセル【C17】をクリックします。

㉙《クリップボード》グループの 貼り付け (貼り付け)の 貼り付け をクリックします。

㉚《値の貼り付け》の 🗐 (値)をクリックします。

㉛同様に、女性の集計結果を貼り付けます。

❹

①シート「アンケート」のセル【A7】をクリックします。

※表内のセルであれば、どこでもかまいません。

②《データ》タブを選択します。

③《アウトライン》グループの 🗐 (小計)をクリックします。

※《アウトライン》グループが表示されていない場合は、🗐 (アウトライン)をクリックします。

④《すべて削除》をクリックします。

※集計行が削除されます。

❺

①シート「アンケート」のセル【A7】をクリックします。

※表内のセルであれば、どこでもかまいません。

②《データ》タブを選択します。

③《並べ替えとフィルター》グループの 🗐 (並べ替え)をクリックします。

④前回の並べ替えの設定が残っていることを確認します。

⑤《最優先されるキー》の《列》の ∨ をクリックし、一覧から「年代」を選択します。

⑥ 2019
《並べ替えのキー》が《セルの値》になっていることを確認します。

2016
《並べ替えのキー》が《値》になっていることを確認します。

⑦《順序》の ∨ をクリックし、一覧から《昇順》を選択します。

⑧《次に優先されるキー》の《列》が「デザイン」になっていることを確認します。

⑨ 2019
《並べ替えのキー》が《セルの値》になっていることを確認します。

2016
《並べ替えのキー》が《値》になっていることを確認します。

⑩《順序》が《昇順》になっていることを確認します。

⑪《OK》をクリックします。

※年代が同じであれば、その中でデザインの選択肢ごとに並び替わります。

⑫セル【A7】が選択されていることを確認します。

※表内のセルであれば、どこでもかまいません。

⑬《アウトライン》グループの 🗐 (小計)をクリックします。

※《アウトライン》グループが表示されていない場合は、🗐 (アウトライン)をクリックします。

⑭《グループの基準》の ∨ をクリックし、一覧から「デザイン」を選択します。

⑮ 2019
《集計の方法》の ∨ をクリックし、一覧から《個数》を選択します。

2016
《集計の方法》の ∨ をクリックし、一覧から《データの個数》を選択します。

⑯《集計するフィールド》の「デザイン」が ✔ になっていることを確認します。

⑰その他の集計するフィールドが □ になっていることを確認します。

⑱《OK》をクリックします。

⑲行番号の左の 2 をクリックします。

※先頭の「A 個数」「B 個数」「C 個数」または「A データの個数」「B データの個数」「C データの個数」が20代の集計です。

⑳シート「アンケート」のセル範囲【D81：D144】を選択します。

㉑《ホーム》タブを選択します。

㉒《編集》グループの 🔍 (検索と選択)をクリックします。

㉓《条件を選択してジャンプ》をクリックします。

㉔《可視セル》を●にします。

㉕《OK》をクリックします。

㉖《クリップボード》グループの 🗐 (コピー)をクリックします。

㉗シート「集計」のセル【C23】をクリックします。

㉘《クリップボード》グループの 🗐 (貼り付け)の 貼り付け をクリックします。

㉙《値の貼り付け》の 🗐 (値)をクリックします。

㉚同様に、30代、40代、50代の集計結果を貼り付けます。

❻

①シート「アンケート」のセル【A7】をクリックします。

※表内のセルであれば、どこでもかまいません。

②《データ》タブを選択します。

③《アウトライン》グループの 🗐 (小計)をクリックします。

※《アウトライン》グループが表示されていない場合は、🗐 (アウトライン)をクリックします。

④《すべて削除》をクリックします。

※集計行が削除されます。

⑤セル【A7】をクリックします。

※表内のA列であれば、どこでもかまいません。

⑥《並べ替えとフィルター》グループの ![昇順] (昇順)を
クリックします。

※回答No.の昇順に並び替わります。

❼

①シート「アンケート」のセル【A7】をクリックします。

※表内のセルであれば、どこでもかまいません。

②《挿入》タブを選択します。

③《テーブル》グループの ![ピボットテーブル] (ピボットテーブル)を
クリックします。

④《テーブルまたは範囲を選択》を ⦿ にします。

⑤《テーブル/範囲》に「アンケート!$A$7:$H$307」
と表示されていることを確認します。

⑥《新規ワークシート》を ⦿ にします。

⑦《OK》をクリックします。

⑧《ピボットテーブルのフィールド》作業ウィンドウの
「性別」を《行》のボックスにドラッグします。

⑨「年代」を《行》のボックスの「性別」の下にドラッ
グします。

⑩「味わい」を《値》のボックスにドラッグします。

⑪同様に、「香り」「飲みやすさ」「価格」の順に、
《値》のボックスに追加します。

⑫セル【B4】をクリックします。

※「味わい」の列であれば、どこでもかまいません。

⑬《分析》タブを選択します。

⑭《アクティブなフィールド》グループの ![フィールドの設定]
(フィールドの設定)をクリックします。

⑮《集計方法》タブを選択します。

⑯《選択したフィールドのデータ》の《平均》を選択
します。

⑰《OK》をクリックします。

⑱同様に、「香り」「飲みやすさ」「価格」の集計方法
を変更します。

⑲行ラベルエリアの ![▼] をクリックし、一覧から《降
順》を選択します。

※性別の順序が逆になります。

⑳シート「Sheet1」のセル範囲【B5:E8】を選択し
ます。

㉑ Ctrl を押しながら、セル範囲【B10:E14】を選
択します。

※全体の平均も含めて選択します。

㉒《ホーム》タブを選択します。

㉓《クリップボード》グループの ![コピー] (コピー)をクリッ
クします。

㉔シート「集計」のセル【D30】をクリックします。

㉕《クリップボード》グループの ![貼り付け] (貼り付け)の
![貼り付け] をクリックします。

㉖《値の貼り付け》の ![値] (値)をクリックします。

❽

①シート「集計」のセル範囲【D30:G38】を選択します。

②《ホーム》タブを選択します。

③《数値》グループの ![表示形式] (表示形式)をクリックします。

④《表示形式》タブを選択します。

⑤《分類》の一覧から《数値》を選択します。

⑥《小数点以下の桁数》を「1」に設定します。

⑦《OK》をクリックします。

※すべての数値が小数点第1位の表示になります。

❾

①《ファイル》タブを選択します。

②《名前を付けて保存》をクリックします。

③《参照》をクリックします。

④ファイルを保存する場所を選択します。

※《PC》→《ドキュメント》→「日商PC データ活用3級
Excel2019／2016」→「第5章」を選択します。

⑤《ファイル名》に「新商品試飲会アンケート集計」と
入力します。

⑥《保存》をクリックします。

実技科目

完成例

●シート「会員数」

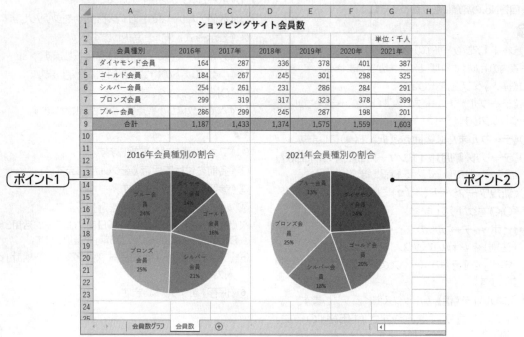

●シート「会員数グラフ」

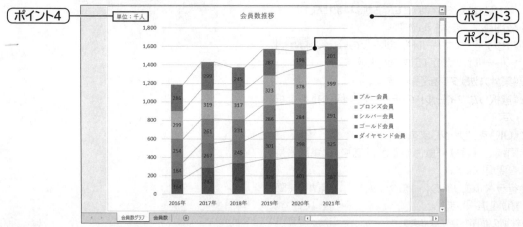

解答のポイント

ポイント1

円グラフは「扇型の割合を説明する項目」と「扇型の割合のもとになる数値」の2つの範囲を選択して作成します。2016年の円グラフは、会員種別と2016年の数値を含むように、セル範囲【A3:B8】をもとに作成します。

ポイント2

2021年の円グラフを作成するには、会員種別と2021年の数値を含むように、セル範囲【A3:A8】とセル範囲【G3:G8】をもとに作成します。

ポイント3

「年ごとの会員数と、会員種別の内訳を同時に表す縦棒グラフ」とあるので、グラフの種類は「積み上げ縦棒グラフ」になります。

ポイント4

軸ラベルの向きや位置に関する指示がない場合は、見やすいように配置するとよいでしょう。

ポイント5

各要素の推移を確認するためには、「区分線」を設定します。 (グラフ要素を追加)→《線》→《区分線》で設定できます。

操作手順

❶

①セル範囲【A3:B8】を選択します。

②《挿入》タブを選択します。

③《グラフ》グループの (円またはドーナツグラフの挿入)をクリックします。

④《2-D円》の《円》をクリックします。

❷

①グラフタイトルをクリックします。

②グラフタイトルを再度クリックします。

③「2016年会員種別の割合」と修正します。

④グラフタイトル以外の場所をクリックします。

❸

①グラフを選択します。

②《デザイン》タブを選択します。

③《グラフのレイアウト》グループの (グラフ要素を追加)をクリックします。

④《凡例》をポイントします。

⑤《なし》をクリックします。

❹

①グラフが選択されていることを確認します。

②《デザイン》タブを選択します。

③《グラフのレイアウト》グループの (グラフ要素を追加)をクリックします。

④《データラベル》をポイントします。

⑤《内部外側》をクリックします。

⑥データラベルを右クリックします。

⑦《データラベルの書式設定》をクリックします。

⑧《データラベルの書式設定》作業ウィンドウの《ラベルオプション》をクリックします。

⑨ (ラベルオプション)をクリックします。

⑩《ラベルオプション》の詳細が表示されていることを確認します。

⑪《ラベルの内容》の《分類名》を☑にします。

⑫《値》を□にします。

⑬《パーセンテージ》を☑にします。

⑭《データラベルの書式設定》作業ウィンドウの × (閉じる)をクリックします。

❺

①グラフエリアをポイントし、マウスポインターの形が に変わったら、ドラッグして位置を調整します。（左上位置の目安：セル【A11】）

②グラフエリア右下の〇（ハンドル）をポイントし、マウスポインターの形が に変わったら、ドラッグしてサイズを調整します。（右下位置の目安：セル【C23】）

❻

①セル範囲【A3:A8】を選択します。

②[Ctrl]を押しながら、セル範囲【G3:G8】を選択します。

③《挿入》タブを選択します。

④《グラフ》グループの (円またはドーナツグラフの挿入)をクリックします。

⑤《2-D円》の《円》をクリックします。

❼

①❻で作成したグラフのグラフタイトルをクリックします。

②グラフタイトルを再度クリックします。

③「2021年会員種別の割合」と修正します。

④グラフタイトル以外の場所をクリックします。

❽

①❻で作成したグラフを選択します。

②《デザイン》タブを選択します。

③《グラフのレイアウト》グループの (グラフ要素を追加)をクリックします。

④《凡例》をポイントします。

⑤《なし》をクリックします。

❾

①❻で作成したグラフが選択されていることを確認します。

②《デザイン》タブを選択します。

③《グラフのレイアウト》グループの (グラフ要素を追加)をクリックします。

④《データラベル》をポイントします。

⑤《内部外側》をクリックします。

⑥データラベルを右クリックします。

⑦《データラベルの書式設定》をクリックします。

⑧《データラベルの書式設定》作業ウィンドウの《ラベルオプション》をクリックします。

⑨ (ラベルオプション)をクリックします。

⑩《ラベルオプション》の詳細が表示されていることを確認します。

⑪《ラベルの内容》の《分類名》を☑にします。

⑫《値》を□にします。

⑬《パーセンテージ》を☑にします。

⑭《データラベルの書式設定》作業ウィンドウの × (閉じる)をクリックします。

❿

①❻で作成したグラフのグラフエリアをポイントし、マウスポインターの形が に変わったら、ドラッグして位置を調整します。（左上位置の目安：セル【D11】）

②グラフエリア右下の〇（ハンドル）をポイントし、マウスポインターの形が🖚に変わったら、ドラッグしてサイズを調整します。（右下位置の目安：セル【G23】）

⓫

①セル範囲【A3：G8】を選択します。
②《挿入》タブを選択します。
③《グラフ》グループの ▬ ▾ （縦棒/横棒グラフの挿入）をクリックします。
④《2-D縦棒》の《積み上げ縦棒》をクリックします。
⑤項目軸に年数が表示されていることを確認します。

⓬

①⓫で作成したグラフのグラフタイトルをクリックします。
②グラフタイトルを再度クリックします。
③「会員数推移」に修正します。
④グラフタイトル以外の場所をクリックします。

⓭

①⓫で作成したグラフを選択します。
②《デザイン》タブを選択します。
③《場所》グループの 🖼 （グラフの移動）をクリックします。
④《新しいシート》を ⦿ にし、「会員数グラフ」と入力します。
⑤《OK》をクリックします。

⓮

①⓫で作成したグラフが選択されていることを確認します。
②《デザイン》タブを選択します。
③《グラフのレイアウト》グループの 🖼 （グラフ要素を追加）をクリックします。
④《凡例》をポイントします。
⑤《右》をクリックします。
⑥《グラフのレイアウト》グループの 🖼 （グラフ要素を追加）をクリックします。
⑦《データラベル》をポイントします。
⑧《中央》をクリックします。

⓯

①⓫で作成したグラフが選択されていることを確認します。
②《デザイン》タブを選択します。
③《グラフのレイアウト》グループの 🖼 （グラフ要素を追加）をクリックします。
④《軸ラベル》をポイントします。
⑤《第1縦軸》をクリックします。
⑥軸ラベルが選択されていることを確認します。
⑦軸ラベルをクリックします。

⑧「単位：千人」に修正します。
⑨軸ラベルが選択されていることを確認します。
⑩《ホーム》タブを選択します。
⑪《配置》グループの 🖼 ▾ （方向）をクリックします。
⑫《左へ90度回転》をクリックします。
⑬軸ラベルの枠線をポイントし、グラフの左上にドラッグします。

⓰

①⓫で作成したグラフが選択されていることを確認します。
②《デザイン》タブを選択します。
③《グラフのレイアウト》グループの 🖼 （グラフ要素を追加）をクリックします。
④《線》をポイントします。
⑤《区分線》をクリックします。

⓱

①⓫で作成したグラフのグラフエリアを選択します。
②《ホーム》タブを選択します。
③《フォント》グループの [10 ▾] （フォントサイズ）の ▾ をクリックし、一覧から《14》を選択します。

⓲

①《ファイル》タブを選択します。
②《名前を付けて保存》をクリックします。
③《参照》をクリックします。
④ファイルを保存する場所を選択します。
※《ＰＣ》→《ドキュメント》→「日商ＰＣ　データ活用3級 Excel2019／2016」→「第6章」を選択します。
⑤《ファイル名》に「会員数2016-2021」と入力します。
⑥《保存》をクリックします。

知識科目

■問題1
(解答) **1** 円グラフ

■問題2
(解答) **3** IF関数

■問題3
(解答) **3** 売上金額 ÷ 売上予算 × 100

■問題4
(解答) **1** 貸借対照表

■問題5
(解答) **1** 累計

■問題6
(解答) **3** 左揃え

■問題7
(解答) **2** 営業企画部2021年度予算案

■問題8
(解答) **3** 絶対参照

■問題9
(解答) **2** 販売先別の金額合計

■問題10
(解答) **1** 売上総利益

完成例

●シート「売上管理」

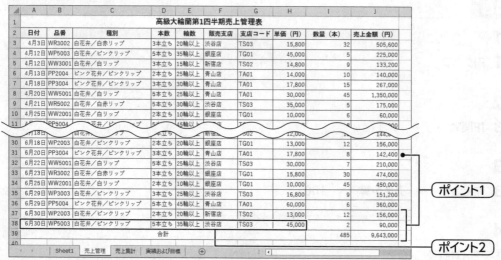

	A	B	C	D	E	F	G	H	I	J
1				高級大輪蘭第1四半期売上管理表						
2	日付	品番	種別	本数	輪数	販売支店	支店コード	単価（円）	数量（本）	売上金額（円）
3	4月3日	WR3002	白花弁／白赤リップ	3本立ち	20輪以上	渋谷店	TS03	15,800	32	505,600
4	4月12日	WP5003	白花弁／ピンクリップ	5本立ち	35輪以上	銀座店	TG01	45,000	5	225,000
5	4月12日	WW3001	白花弁／白リップ	3本立ち	15輪以上	新宿店	TS02	14,800	9	133,200
6	4月13日	PP2004	ピンク花弁／ピンクリップ	2本立ち	25輪以上	青山店	TA01	14,000	10	140,000
7	4月18日	PP3004	ピンク花弁／ピンクリップ	3本立ち	30輪以上	青山店	TA01	17,800	15	267,000
8	4月20日	WW5001	白花弁／白リップ	5本立ち	25輪以上	青山店	TA01	30,000	45	1,350,000
9	4月21日	WR5002	白花弁／白赤リップ	5本立ち	30輪以上	渋谷店	TS03	35,000	5	175,000
10	4月25日	WW2001	白花弁／白リップ	2本立ち	10輪以上	銀座店	TG01	10,000	6	60,000
11		PP5004	花弁／ピ		45輪以上		T			
29	6月18日	白花弁／		本立ち		新宿	S02	12,000	1	144,0
30	6月18日	WP2003	白花弁／ピンクリップ	2本立ち	20輪以上	銀座店	TG01	13,000	12	156,000
31	6月20日	PP3004	ピンク花弁／ピンクリップ	3本立ち	30輪以上	青山店	TA01	17,800	8	142,400
32	6月22日	WW5001	白花弁／白リップ	5本立ち	25輪以上	渋谷店	TS03	30,000	7	210,000
33	6月23日	WR3002	白花弁／白赤リップ	3本立ち	20輪以上	銀座店	TG01	15,800	30	474,000
34	6月25日	WW2001	白花弁／白リップ	2本立ち	10輪以上	銀座店	TG01	10,000	45	450,000
35	6月29日	WP3003	白花弁／ピンクリップ	3本立ち	25輪以上	渋谷店	TS03	16,800	9	151,200
36	6月29日	PP5004	ピンク花弁／ピンクリップ	5本立ち	45輪以上	青山店	TA01	60,000	6	360,000
37	6月30日	WP2003	白花弁／ピンクリップ	2本立ち	20輪以上	新宿店	TS02	13,000	12	156,000
38	6月30日	WP5003	白花弁／ピンクリップ	5本立ち	35輪以上	渋谷店	TS03	45,000	2	90,000
39			合計						485	9,643,000

ポイント1

ポイント2

Sheet1 | 売上管理 | 売上集計 | 実績および目標 | ⊕

●シート「売上集計」

	A	B	C	D	E	F	G	H	I
1		第1四半期支店別売上							
2					（単位：円）				
3	支店	4月	5月	6月	総計				
4	銀座店	765,000	806,400	1,235,000	2,806,400				
5	新宿店	133,200	780,000	473,800	1,387,000				
6	渋谷店	680,600	766,000	585,600	2,032,200				
7	青山店	1,757,000	1,098,000	562,400	3,417,400				
8	総計	3,335,800	3,450,400	2,856,800	9,643,000				
9									
10									

ポイント3

Sheet1 | 売上管理 | 売上集計 | 実績および目標 | ⊕

●シート「実績および目標」

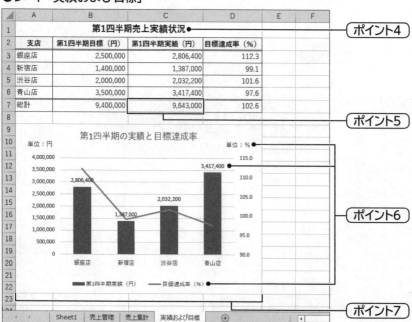

	A	B	C	D	E	F
1		第1四半期売上実績状況				
2	支店	第1四半期目標（円）	第1四半期実績（円）	目標達成率（％）		
3	銀座店	2,500,000	2,806,400	112.3		
4	新宿店	1,400,000	1,387,000	99.1		
5	渋谷店	2,000,000	2,032,200	101.6		
6	青山店	3,500,000	3,417,400	97.6		
7	総計	9,400,000	9,643,000	102.6		

ポイント4

ポイント5

第1四半期の実績と目標達成率

単位：円

単位：％

4,000,000
3,500,000
3,000,000
2,500,000
2,000,000
1,500,000
1,000,000
500,000
0

115.0
110.0
105.0
100.0
95.0
90.0

2,806,400
1,387,000
2,032,200
3,417,400

銀座店　新宿店　渋谷店　青山店

■ 第1四半期実績（円）　── 目標達成率（％）

ポイント6

ポイント7

Sheet1 | 売上管理 | 売上集計 | 実績および目標 | ⊕

ポイント1

データを追加する位置について指示はありませんが、表内のデータが日付順になっているため、該当する日付の位置に行を挿入する必要があります。ただし、追加件数が多いような場合は、表の下側にまとめて追加し、あとから日付順に表を並べ替えると効率的です。

また、最終行に合計欄がある場合は、データを追加したあとに、合計欄の数式が追加した範囲を含んでいるかどうかも確認しましょう。

ポイント2

日付は入力済みのデータと年数を合わせましょう。シート上に年数が表示されていない場合は、日付のセルを選択すると、数式バーで確認できます。

また、【データ1】【データ2】の指示からは、「日付」「品番」「数量」「販売支店」しかわかりません。

表内のデータを確認すると、「品番」によって「種別」「本数」「輪数」「単価」、「販売支店」によって「支店コード」が決まっています。このように指示から読み取ることができない項目については、表の中から同じ項目を探して確認しましょう。

また、データの入力を間違えると、集計結果が異なることもあります。入力ミスを防ぐためにも、表内のデータをコピーするとよいでしょう。

ポイント3

表の総計欄に数式が設定されていない場合は、結果が正しければ、数式でも数値でも、入力内容は問われません。数式を入力しておくと、数値が変わったときに自動で再計算されるので効率的です。

また、4桁以上の数値がある場合には、指示がなくても桁区切りスタイルを忘れずに設定しましょう。

ポイント4

表のタイトルの配置について指示がない場合は、表の上の行に入力し、表の幅に合わせて中央に配置するとよいでしょう。

また、フォントサイズや太字の設定などについても、ブック内にあるほかの表のタイトルと合わせるとよいでしょう。

ポイント5

「第1四半期目標（円）」の総計欄にSUM関数が設定されているので、「第1四半期実績（円）」の総計欄も同じようにSUM関数を設定しましょう。

ポイント6

軸ラベルや凡例、データラベルの表示位置の指示がない場合は、見やすい場所に配置するとよいでしょう。

また、軸ラベルの設定を変更したときに、プロットエリアのサイズが小さくなってしまった場合には、サイズを調整しましょう。

ポイント7

グラフの配置に関する詳細な指示がない場合は、見やすいように位置やサイズを調整しましょう。

問題1

① シート「売上管理」の行番号【35:38】を選択します。

② 選択した行を右クリックします。

③《挿入》をクリックします。

※4行挿入されます。

④ セル【A35】に「2021/6/30」と入力します。

※35行目にデータ1の新宿店のデータを追加します。

⑤ セル範囲【B29:E29】を選択します。

※品番が「WP2003」のB〜E列であれば、どこでもかまいません。

⑥《ホーム》タブを選択します。

⑦《クリップボード》グループの （コピー）をクリックします。

⑧ セル【B35】をクリックします。

⑨《クリップボード》グループの （貼り付け）をクリックします。

⑩ セル【H29】をクリックします。

※品番が「WP2003」のH列であれば、どこでもかまいません。

⑪《クリップボード》グループの （コピー）をクリックします。

⑫ セル【H35】をクリックします。

⑬《クリップボード》グループの （貼り付け）をクリックします。

⑭ セル範囲【F28:G28】を選択します。

※販売支店が「新宿店」のF〜G列であれば、どこでもかまいません。

⑮《クリップボード》グループの （コピー）をクリックします。

⑯ セル【F35】をクリックします。

⑰《クリップボード》グループの （貼り付け）をクリックします。

⑱ セル【I35】に「12」と入力します。

※自動的にJ列に売上金額が表示されます。

⑲ 同様に、36行目にデータ2の新宿店、37行目に青山店、38行目に渋谷店のデータを追加します。

⑳ セル範囲【I39:J39】のSUM関数の参照範囲に、追加した35〜38行目のセルが含まれていることを確認します。

※含まれていない場合は、セル範囲を選択しなおします。

㉑ セル範囲【A2:J38】を選択します。

※39行目の合計欄を含めると、並べ替えが実行できないので、範囲に含めないようにします。

㉒《データ》タブを選択します。

㉓《並べ替えとフィルター》グループの （並べ替え）をクリックします。

㉔《先頭行をデータの見出しとして使用する》を にします。

㉕《最優先されるキー》の《列》の ☑ をクリックし、一覧から「日付」を選択します。

㉖ **2019**
《並べ替えのキー》が《セルの値》になっていることを確認します。

2016
《並べ替えのキー》が《値》になっていることを確認します。

㉗ **2019**
《順序》が《古い順》になっていることを確認します。

2016
《順序》が《昇順》になっていることを確認します。

㉘《OK》をクリックします。
※日付順に並べ替えられます。

問題2

① シート「売上管理」のセル範囲【A2:J38】を選択します。

※39行目の合計欄を含めると、正しく集計できない場合があるので、範囲に含めないようにします。

②《挿入》タブを選択します。

③《テーブル》グループの （ピボットテーブル）をクリックします。

④《テーブルまたは範囲を選択》を ⦿ にします。

⑤《テーブル/範囲》に「売上管理!$A$2:$J$38」と表示されていることを確認します。

⑥《新規ワークシート》を ⦿ にします。

⑦《OK》をクリックします。

⑧《ピボットテーブルのフィールド》作業ウィンドウの「日付」を《列》のボックスにドラッグします。

⑨「販売支店」を《行》のボックスにドラッグします。

⑩「売上金額(円)」を《値》のボックスにドラッグします。

⑪「売上金額(円)」の集計方法が《合計》になっていることを確認します。

⑫ シート「売上集計」とシート「Sheet1」の販売支店の順序が異なっていることを確認します。

⑬ シート「Sheet1」のセル範囲【B6:D6】を選択します。

⑭《ホーム》タブを選択します。

⑮《クリップボード》グループの （コピー）をクリックします。

⑯ シート「売上集計」のセル【B4】をクリックします。

⑰《クリップボード》グループの （貼り付け）の をクリックします。

⑱《値の貼り付け》の （値)をクリックします。

⑲ 同様に、新宿店、渋谷店、青山店の売上金額の値を貼り付けます。

⑳ シート「売上集計」のセル範囲【B4:E8】を選択します。

㉑《編集》グループの Σ （合計)をクリックします。

㉒《数値》グループの ， （桁区切りスタイル)をクリックします。

問題3

① シート「売上集計」のセル範囲【E4:E7】を選択します。

②《ホーム》タブを選択します。

③《クリップボード》グループの （コピー)をクリックします。

④ シート「実績および目標」のセル【C3】をクリックします。

⑤《クリップボード》グループの （貼り付け)の をクリックします。

⑥《値の貼り付け》の （値)をクリックします。

⑦ セル【C7】をクリックします。

⑧《編集》グループの Σ （合計)をクリックします。

⑨ 数式バーに「=SUM(C3:C6)」と表示されていることを確認します。

⑩ Enter を押します。

※ Σ （合計)を再度クリックして確定することもできます。

⑪ セル範囲【C3:C7】を選択します。

⑫《数値》グループの ， （桁区切りスタイル)をクリックします。

⑬ セル【D3】に「=C3/B3*100」と入力します。

⑭ セル【D3】を選択し、セル右下の ■ （フィルハンドル)をセル【D7】までドラッグします。

⑮ （オートフィルオプション)をクリックします。

※ をポイントすると、 になります。

⑯《書式なしコピー (フィル)》をクリックします。

❶

① シート「実績および目標」のセル【A1】に「第1四半期売上実績状況」と入力します。

② セル範囲【A1:D1】を選択します。

③《ホーム》タブを選択します。

④《配置》グループの （セルを結合して中央揃え)をクリックします。

⑤《フォント》グループの 11 ▾ （フォントサイズ)の ▾ をクリックし、一覧から《14》を選択します。

⑥《フォント》グループの B （太字)をクリックします。

❷

① シート「実績および目標」のセル範囲【D3:D7】を選択します。

②《ホーム》タブを選択します。

③《数値》グループの （表示形式)をクリックします。

④《表示形式》タブを選択します。

⑤《分類》の一覧から《数値》を選択します。

⑥《小数点以下の桁数》を「1」に設定します。

⑦《OK》をクリックします。

※すべての数値が小数点第1位の表示になります。

問題4

❶❷

①シート「実績および目標」のセル範囲【A2：A6】を選択します。

②[Ctrl]を押しながら、セル範囲【C2：D6】を選択します。

③《挿入》タブを選択します。

④《グラフ》グループの (複合グラフの挿入)をクリックします。

⑤《組み合わせ》の《集合縦棒-第2軸の折れ線》をクリックします。

⑥項目軸に「支店」が表示されていることを確認します。

⑦グラフが選択されていることを確認します。

⑧《デザイン》タブを選択します。

⑨《種類》グループの (グラフの種類の変更)をクリックします。

⑩《すべてのグラフ》タブを選択します。

⑪左側の一覧から《組み合わせ》を選択します。

⑫右側の《目標達成率（%）》の《グラフの種類》が《折れ線》になっていることを確認します。

⑬《目標達成率（%）》の《第2軸》が ☑ になっていることを確認します。

⑭《OK》をクリックします。

❸

①グラフが選択されていることを確認します。

②《デザイン》タブを選択します。

③《グラフのレイアウト》グループの (グラフ要素を追加)をクリックします。

④《軸ラベル》をポイントします。

⑤《第1縦軸》をクリックします。

⑥軸ラベルが選択されていることを確認します。

⑦軸ラベルをクリックします。

⑧「単位：円」に修正します。

⑨軸ラベルが選択されていることを確認します。

⑩《ホーム》タブを選択します。

⑪《配置》グループの (方向)をクリックします。

⑫《左へ90度回転》をクリックします。

⑬軸ラベルの枠線をポイントし、グラフの左上にドラッグします。

⑭同様に、第2縦軸の軸ラベルに「単位：%」と入力して横書きに設定し、グラフの右上にドラッグします。

⑮プロットエリアを選択します。

⑯プロットエリアの左中央の〇（ハンドル）をポイントし、マウスポインターの形が ↔ に変わったら、左方向にドラッグします。

⑰プロットエリアの右中央の〇（ハンドル）をポイントし、マウスポインターの形が ↔ に変わったら、右方向にドラッグします。

❹

①凡例が表示されていることを確認します。

②縦棒グラフを選択します。

③《デザイン》タブを選択します。

④《グラフのレイアウト》グループの (グラフ要素を追加)をクリックします。

⑤《データラベル》をポイントします。

⑥《外側》をクリックします。

❺

①グラフタイトルをクリックします。

②グラフタイトルを再度クリックします。

③「第1四半期の実績と目標達成率」に修正します。

④グラフタイトル以外の場所をクリックします。

❻

①グラフエリアをポイントし、マウスポインターの形が に変わったら、ドラッグして位置を調整します。（左上位置の目安：セル【A9】）

②グラフエリア右下の〇（ハンドル）をポイントし、マウスポインターの形が に変わったら、ドラッグしてサイズを調整します。（右下位置の目安：セル【D22】）

問題5

①《ファイル》タブを選択します。

②《名前を付けて保存》をクリックします。

③《参照》をクリックします。

④ファイルを保存する場所を選択します。

※《PC》→《ドキュメント》→「日商PC データ活用3級 Excel2019／2016」→「模擬試験」を選択します。

⑤《ファイル名》に「蘭の目標達成率」と入力します。

⑥《保存》をクリックします。

Answer 第2回 模擬試験 解答と解説

知識科目

■ 問題 1
(解答) **1** パレート図

■ 問題 2
(解答) **3** 折れ線グラフ

■ 問題 3
(解答) **1** ROUNDDOWN関数

■ 問題 4
(解答) **2** 降順

■ 問題 5
(解答) **3** 概算

■ 問題 6
(解答) **1** 支店別商品別の売上集計

■ 問題 7
(解答) **3** 見積書

■ 問題 8
(解答) **1** 借入金

■ 問題 9
(解答) **2** 5%

■ 問題 10
(解答) **3** 前年比

実技科目

完成例

●シート「取引先別集計」

	A	B	C	D	E	F	G	H
1		取引先別注文集計						
2	取引先名	数量	金額（円）					
3	川端スポーツ本店	148	1,000,370					
4	古越商店	131	858,280					
5	第一百貨店	22	131,520					
6	吉田スポーツ	19	120,810					
7	桜井野球堂	15	98,010					
8	ホームラン商店	10	64,530					
9	川端スポーツ港南店	6	33,620					
10	ファインスポーツ	4	27,540					
11	総計	355	2,334,680					
12								
13								

ポイント1

注文データ　取引先別集計　取引先別分析 ⊕

●シート「取引先別分析」

ポイント2

	A	B	C	D	E	F
1		取引先別ランク分析				
2	取引先名	金額（円）	構成比（%）	構成比率累計（%）	ランク	
3	川端スポーツ本店	1,000,370	42.8	42.8	A	
4	古越商店	858,280	36.8	79.6	A	
5	第一百貨店	131,520	5.6	85.2	B	
6	吉田スポーツ	120,810	5.2	90.4	C	
7	桜井野球堂	98,010	4.2	94.6	C	
8	ホームラン商店	64,530	2.8	97.4	C	
9	川端スポーツ港南店	33,620	1.4	98.8	C	
10	ファインスポーツ	27,540	1.2	100.0	C	
11	総計	2,334,680	100.0			

ポイント3

取引先別ランク分析

■金額（円）　━構成比率累計（%）

注文データ　取引先別集計　取引先別分析 ⊕

解答のポイント

ポイント1

集計機能を使うと、表のデータをグループごとに集計することができます。今回の集計は、「取引先名」といったひとつの項目について、数量と金額を集計する問題なので集計機能を使うとよいでしょう。

集計機能で集計した場合も総計が表示されるので、総計欄に数式が設定されていなければ、一緒にコピーすると効率的です。

また、集計機能で集計した結果をコピーする場合、可視セルの設定を忘れないようにしましょう。

ポイント2

シート「取引先別分析」では、構成比を求めます。構成比は「要素の値」を「全体の値」で割るため、総計が必要になります。シート「取引先別集計」から「取引先名」と「金額（円）」をコピーする際に、総計欄も一緒にコピーすると効率的です。

ポイント3

「ランク」は条件を判断して手入力してもかまいませんが、入力ミスを防ぐためにもIFS関数またはIF関数を使うとよいでしょう。

Aランクは構成比率累計が80%までとあるので「D3<=80」、Bランクは90%までなので「D3<=90」、Cランクはそれ以外になります。

20

操作手順

問題1

❶

① シート「注文データ」のセル【B1】をクリックします。

※表内のB列であれば、どこでもかまいません。

② 《データ》タブを選択します。

③ 《並べ替えとフィルター》グループの ↓ (昇順)をクリックします。

※取引先名ごとに並べ替えられます。

④ セル【A1】をクリックします。

※表内のセルであれば、どこでもかまいません。

⑤ 《アウトライン》グループの （小計）をクリックします。

※《アウトライン》グループが表示されていない場合は、 (アウトライン)をクリックします。

⑥ 《グループの基準》の ∨ をクリックし、一覧から「取引先名」を選択します。

⑦ 《集計の方法》が《合計》になっていることを確認します。

⑧ 《集計するフィールド》の「数量」を ☑ にします。

⑨ 「金額（円）」が ☑ になっていることを確認します。

⑩ 《OK》をクリックします。

⑪ 行番号の左の 2 をクリックします。

⑫ シート「注文データ」とシート「取引先別集計」の取引先名の並び順が同じであることを確認します。

⑬ シート「注文データ」のセル範囲【E5:F78】を選択します。

⑭ 《ホーム》タブを選択します。

⑮ 《編集》グループの （検索と選択）をクリックします。

⑯ 《条件を選択してジャンプ》をクリックします。

⑰ 《可視セル》を ◉ にします。

⑱ 《OK》をクリックします。

⑲ 《クリップボード》グループの （コピー）をクリックします。

⑳ シート「取引先別集計」のセル【B3】をクリックします。

㉑ 《クリップボード》グループの （貼り付け）の 貼り付け をクリックします。

㉒ 《値の貼り付け》の （値）をクリックします。

㉓ セル範囲【C3:C11】を選択します。

㉔ 《数値》グループの ， （桁区切りスタイル）をクリックします。

❷

① シート「取引先別集計」のセル範囲【A2:C10】を選択します。

※11行目の総計行は並べ替えないため、範囲に含めないようにします。

② 《データ》タブを選択します。

③ 《並べ替えとフィルター》グループの （並べ替え）をクリックします。

④ 《先頭行をデータの見出しとして使用する》を ☑ にします。

⑤ 《最優先されるキー》の《列》の ∨ をクリックし、一覧から「金額（円）」を選択します。

⑥ **2019**
《並べ替えのキー》が《セルの値》になっていることを確認します。

2016
《並べ替えのキー》が《値》になっていることを確認します。

⑦ **2019**
《順序》の ∨ をクリックし、一覧から《大きい順》を選択します。

2016
《順序》の ∨ をクリックし、一覧から《降順》を選択します。

⑧ 《OK》をクリックします。

❸

① シート「取引先別集計」のセル【A1】に「取引先別注文集計」と入力します。

② セル範囲【A1:C1】を選択します。

③ 《ホーム》タブを選択します。

④ 《配置》グループの （セルを結合して中央揃え）をクリックします。

❹

① シート「取引先別集計」のセル範囲【A2:C2】を選択します。

② 《ホーム》タブを選択します。

③ 《フォント》グループの （下罫線）の ∨ をクリックします。

④ 《下二重罫線》をクリックします。

問題2

① シート「取引先別集計」のセル範囲【A3:A11】を選択します。

② Ctrl を押しながら、セル範囲【C3:C11】を選択します。

③ 《ホーム》タブを選択します。

④ 《クリップボード》グループの （コピー）をクリックします。

⑤ シート「取引先別分析」のセル【A3】をクリックします。

⑥ 《クリップボード》グループの （貼り付け）をクリックします。

⑦ セル【C3】に「=B3/$B$11*100」と入力します。

※数式をコピーしたときに、総計が常に同じセルを参照するように、絶対参照「$B$11」にします。

※数式の入力中に F4 を押すと、「$」が自動的に付きます。

⑧セル【C3】を選択し、セル右下の■（フィルハンドル）をダブルクリックします。

※数式がセル【C11】までコピーされます。

⑨セル【D3】に「=C3」と入力します。

⑩セル【D4】に「=D3+C4」と入力します。

⑪セル【D4】を選択し、セル右下の■（フィルハンドル）をセル【D10】までドラッグします。

❶

①シート「取引先別分析」のセル範囲【C3:D11】を選択します。

②《ホーム》タブを選択します。

③《数値》グループの 🔲 （表示形式）をクリックします。

④《表示形式》タブを選択します。

⑤《分類》の一覧から《数値》を選択します。

⑥《小数点以下の桁数》を「1」に設定します。

⑦《OK》をクリックします。

※すべての数値が小数点第1位の表示になります。

❷

① 2019

シート「取引先別分析」のセル【E3】に「=IFS（D3<=80,"A",D3<=90,"B",TRUE,"C"）」と入力します。

2016

シート「取引先別分析」のセル【E3】に「=IF（D3<=80,"A",IF（D3<=90,"B","C"））」と入力します。

②セル【E3】を選択し、セル右下の■（フィルハンドル）をセル【E10】までドラッグします。

問題3

❶

①シート「取引先別分析」のセル範囲【A2:B10】を選択します。

② [Ctrl] を押しながら、セル範囲【D2:D10】を選択します。

③《挿入》タブを選択します。

④《グラフ》グループの 📊 （複合グラフの挿入）をクリックします。

⑤《組み合わせ》の《集合縦棒-第2軸の折れ線》をクリックします。

⑥項目軸に「取引先名」が表示されていることを確認します。

⑦《デザイン》タブを選択します。

⑧《種類》グループの 📊 （グラフの種類の変更）をクリックします。

⑨《すべてのグラフ》タブを選択します。

⑩左側の一覧から《組み合わせ》を選択します。

⑪右側の《構成比率累計（%）》の《グラフの種類》が《折れ線》になっていることを確認します。

⑫《構成比率累計（%）》の《第2軸》が ✔ になっていることを確認します。

⑬《OK》をクリックします。

❷

①グラフタイトルをクリックします。

②グラフタイトルを再度クリックします。

③「取引先別ランク分析」に修正します。

④グラフタイトル以外の場所をクリックします。

❸

①第2軸を右クリックします。

②《軸の書式設定》をクリックします。

③《軸の書式設定》作業ウィンドウの《軸のオプション》をクリックします。

④ 📊 （軸のオプション）をクリックします。

⑤《軸のオプション》の詳細が表示されていることを確認します。

⑥《境界値》の《最大値》に「100」と入力します。

⑦《軸の書式設定》作業ウィンドウの × （閉じる）をクリックします。

❹

①グラフエリアをポイントし、マウスポインターの形が ✛ に変わったら、ドラッグして位置を調整します。
（左上位置の目安：セル【A13】）

②グラフエリア右下の○（ハンドル）をポイントし、マウスポインターの形が ↘ に変わったら、ドラッグしてサイズを調整します。
（右下位置の目安：セル【E26】）

問題4

①《ファイル》タブを選択します。

②《名前を付けて保存》をクリックします。

③《参照》をクリックします。

④ファイルを保存する場所を選択します。

※《PC》→《ドキュメント》→「日商PC データ活用3級 Excel2019／2016」→「模擬試験」を選択します。

⑤《ファイル名》に「取引先ランク分析」と入力します。

⑥《保存》をクリックします。

Answer 第3回 模擬試験 解答と解説

知識科目

■問題1
解答 **2** Zチャート

■問題2
解答 **1** 縦棒グラフ

■問題3
解答 **1** COUNTIF関数

■問題4
解答 **3** 勘定科目ごとにすべての取引が転記された帳簿

■問題5
解答 **1** 売掛金

■問題6
解答 **1** ROUND関数

■問題7
解答 **2** 2021年度採用通知

■問題8
解答 **2** 20%

■問題9
解答 **1** 商品名で並べ替える。

■問題10
解答 **3** 110%

完成例

●シート「在庫集計表」

	A	B	C	D	E	F	G	H	I	J	K
1	商品別在庫集計表										(単位：kg)
2				4月			5月			6月	
3	商品名	期首在庫	売上	仕入	4月末在庫	売上	仕入	5月末在庫	売上	仕入	6月末在庫
4	輸入大豆	43	39	40	44	11		33	15	40	58
5	輸入小麦	45	103	80	22	89	120	53	94	80	39
6	国産大豆	53	76	80	57	78	80	59	63	40	36
7	国産小麦	31	103	120	48	26		22	55	80	47
8	玄米	44	78	80	46	39		7	56	80	31
9											
10											

ポイント1
ポイント2

Sheet1　売上仕入状況　在庫比較グラフ　在庫集計表　国産大豆 … ⊕

●シート「在庫比較グラフ」

ポイント3

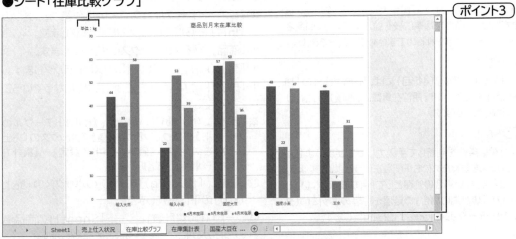

Sheet1　売上仕入状況　在庫比較グラフ　在庫集計表　国産大豆在 … ⊕

●シート「国産大豆在庫表」

	A	B	C	D	E	F	G	H
1	国産大豆在庫表							
2				(単位：kg)				
3	日付	売上	仕入	在庫残高	発注			
4	期首在庫数			53				
5	4月10日	30		23	発注			
6	4月15日		40	63				
7	4月18日	35		28	発注			
8	4月19日		40	68				
9	4月23日	4		64				
10	4月25日	7		57				
11	5月1日	15		42				
12	5月3日	5		37				
13	5月13日	8		29	発注			
14	5月14日		40	69				
15	5月17日	9		60				
16	5月20日	15		45				
29	6月13日	2		57				
30	6月26日	5		52				
31	6月27日	4		48				
32	6月28日	2		46				
33	6月30日	10		36				
34								

ポイント4
ポイント5
ポイント6

… 売上仕入状況　在庫比較グラフ　在庫集計表　国産大豆在庫表　⊕

確認問題
第1回
第2回
第3回
採点シート

24

解答のポイント

ポイント1

シート「在庫集計表」には、売上と仕入の合計が必要になります。ピボットテーブルで集計する際に、集計方法が「合計」になっていることを確認し、なっていない場合は、「合計」に変更することを忘れないようにしましょう。

ポイント2

在庫は、「先月末の在庫－今月の売上＋今月の仕入」で求められます。4月の場合は、「先月末の在庫」の代わりに「期首在庫」の数値を使って計算します。

ポイント3

軸ラベルや凡例の表示位置の指示がない場合は、見やすい場所に配置するとよいでしょう。

ポイント4

シート「売上仕入状況」から「国産大豆」のデータだけを抜き出す場合、商品名を基準に表を並べ替えると、商品名ごとにデータが表示されるのでまとめてコピーできます。

ポイント5

「在庫残高」の先頭行（4行目）には、「国産大豆」の「期首在庫数」を入力します。期首在庫数は、問題1の（指示）❷に記載されています。

ポイント6

「発注」欄は条件を判断して手入力してもかまいませんが、入力ミスを防ぐためにもIF関数を使うとよいでしょう。条件に該当しない場合の処理として「何も表示しない」とあるので、「値が偽の場合」の処理を「""」のように「"（ダブルクォーテーション）」を続けて2回指定します。

 操作手順

問題1

❶

①シート「売上仕入状況」のセル【A1】をクリックします。

※表内であればどこでもかまいません。

②《挿入》タブを選択します。

③《テーブル》グループの 📄（ピボットテーブル）をクリックします。

④《テーブルまたは範囲を選択》を◉にします。

⑤《テーブル/範囲》に「売上仕入状況!＄Ａ＄1：＄D＄124」と表示されていることを確認します。

⑥《新規ワークシート》を◉にします。

⑦《OK》をクリックします。

⑧《ピボットテーブルのフィールド》作業ウィンドウの「日付」を《列》のボックスにドラッグします。

⑨「商品」を《行》のボックスにドラッグします。

⑩「売上（kg）」を《値》のボックスにドラッグします。

⑪「売上（kg）」の集計方法が《合計》になっていることを確認します。

※《合計》になっていない場合は、《ピボットテーブルのフィールド》作業ウィンドウの《値》のボックスの「売上（kg）」をクリック→《値フィールドの設定》→《集計方法》タブ→《合計》を選択します。

⑫同様に、「仕入（kg）」を《値》のボックスの「売上（kg）」の下に追加します。

⑬シート「在庫集計表」とシート「Sheet1」の商品名の順序が逆になっていることを確認します。

⑭シート「Sheet1」の行ラベルエリアの ▼ をクリックし、一覧から《降順》を選択します。

※商品名が降順に並べ替えられます。

⑮セル範囲【B7:C11】を選択します。

⑯《ホーム》タブを選択します。

⑰《クリップボード》グループの 📋（コピー）をクリックします。

⑱シート「在庫集計表」のセル【C4】をクリックします。

⑲《クリップボード》グループの 📋（貼り付け）の 貼り付け をクリックします。

⑳《値の貼り付け》の 📋（値）をクリックします。

㉑同様に、5月と6月の売上と仕入の値を貼り付けます。

❷

①シート「在庫集計表」のセル【B4】に「43」と入力します。

②セル【B5】に「45」と入力します。

③セル【B6】に「53」と入力します。

④セル【B7】に「31」と入力します。

第3回 模擬試験 解答と解説

25

⑤セル【B8】に「44」と入力します。

⑥セル【E4】に「=B4−C4+D4」と入力します。

⑦セル【E4】を選択し、セル右下の■（フィルハンドル）をダブルクリックします。

※数式がセル【E8】までコピーされます。

⑧セル【H4】に「=E4−F4+G4」と入力します。

⑨セル【H4】を選択し、セル右下の■（フィルハンドル）をダブルクリックします。

※数式がセル【H8】までコピーされます。

⑩セル【K4】に「=H4−I4+J4」と入力します。

⑪セル【K4】を選択し、セル右下の■（フィルハンドル）をダブルクリックします。

※数式がセル【K8】までコピーされます。

❸

①シート「在庫集計表」のセル【A1】に「商品別在庫集計表」と入力します。

②セル【A1】をクリックします。

③《ホーム》タブを選択します。

④《フォント》グループの B （太字）をクリックします。

問題2

①シート「在庫集計表」のセル範囲【A3：A8】を選択します。

② Ctrl を押しながら、セル範囲【E3：E8】、セル範囲【H3：H8】、セル範囲【K3：K8】を選択します。

③《挿入》タブを選択します。

④《グラフ》グループの ▮▮▾ （縦棒/横棒グラフの挿入）をクリックします。

⑤《2-D縦棒》の《集合縦棒》をクリックします。

⑥項目軸に「商品名」が表示されていることを確認します。

❶

①グラフが選択されていることを確認します。

②《デザイン》タブを選択します。

③《場所》グループの （グラフの移動）をクリックします。

④《新しいシート》を ◉ にし、「在庫比較グラフ」と入力します。

⑤《OK》をクリックします。

❷

①グラフが選択されていることを確認します。

②《デザイン》タブを選択します。

③《グラフのレイアウト》グループの （グラフ要素を追加）をクリックします。

④《軸ラベル》をポイントします。

---

⑤《第1縦軸》をクリックします。

⑥軸ラベルが選択されていることを確認します。

⑦軸ラベルをクリックします。

⑧「単位：kg」に修正します。

⑨軸ラベルが選択されていることを確認します。

⑩《ホーム》タブを選択します。

⑪《配置》グループの （方向）をクリックします。

⑫《左へ90度回転》をクリックします。

⑬軸ラベルの枠線をポイントし、グラフの左上にドラッグします。

❸

①グラフタイトルをクリックします。

②グラフタイトルを再度クリックします。

③「商品別月末在庫比較」に修正します。

④グラフタイトル以外の場所をクリックします。

❹

①グラフを選択します。

②《デザイン》タブを選択します。

③《グラフのレイアウト》グループの （グラフ要素を追加）をクリックします。

④《データラベル》をポイントします。

⑤《外側》をクリックします。

❺

①凡例が表示されていることを確認します。

問題3

❶

①シート「売上仕入状況」のセル【B1】をクリックします。

※表内のB列のセルであれば、どこでもかまいません。

②《データ》タブを選択します。

③《並べ替えとフィルター》グループの （昇順）をクリックします。

④セル範囲【A49：A77】を選択します。

⑤ Ctrl を押しながら、セル範囲【C49：D77】を選択します。

⑥《ホーム》タブを選択します。

⑦《クリップボード》グループの （コピー）をクリックします。

⑧シート「国産大豆在庫表」のセル【A5】をクリックします。

⑨《クリップボード》グループの （貼り付け）をクリックします。

❷

①シート「国産大豆在庫表」のセル【D4】に「53」と入力します。

②セル【D5】に「=D4−B5+C5」と入力します。

③セル【D5】を選択し、セル右下の■（フィルハンドル）をダブルクリックします。

※数式がセル【D33】までコピーされます。

❸

①シート「国産大豆在庫表」のセル【E4】に「=IF（D4<30, "発注", " "）」と入力します。

②セル【E4】を選択し、セル右下の■（フィルハンドル）をダブルクリックします。

※数式がセル【E33】までコピーされます。

問題4

①《ファイル》タブを選択します。

②《名前を付けて保存》をクリックします。

③《参照》をクリックします。

④ファイルを保存する場所を選択します。

※《PC》→《ドキュメント》→「日商PC データ活用3級 Excel2019／2016」→「模擬試験」を選択します。

⑤《ファイル名》に「商品別在庫管理表」と入力します。

⑥《保存》をクリックします。

第1回 模擬試験 採点シート

チャレンジした日付

____年 ____月 ____日

知識科目

問題	解答	正答	備考欄
1			
2			
3			
4			
5			
6			
7			
8			
9			
10			

実技科目

設問	内容	判定
1	データが正しく入力されている。	
	合計が正しく計算されている。	
2	支店別売上が正しく集計されている。	
	支店別売上の数値に桁区切りが正しく設定されている。	
3	第1四半期の実績データが正しく入力されている。	
	第1四半期の実績の数値に桁区切りが正しく設定されている。	
	表のタイトルが正しく入力されている。	
	目標達成率が正しく入力されている。	
	目標達成率の数値の小数点以下の桁数が正しく設定されている。	
4	グラフの種類が正しく作成されている。	
	グラフの項目軸が正しく表示されている。	
	グラフの数値軸に単位が正しく表示されている。	
	グラフに凡例が正しく表示されている。	
	グラフに値が正しく表示されている。	
	グラフのタイトルが正しく設定されている。	
	グラフが表の下に正しく配置されている。	
5	正しい保存先に正しい名前で保存されている。	

第2回 模擬試験 採点シート

模擬試験 採点シート

知識科目

問題	解答	正答	備考欄
1			
2			
3			
4			
5			
6			
7			
8			
9			
10			

実技科目

設問	内容	判定
1	取引先別の注文数と金額が正しく集計されている。	
	注文金額の数値に桁区切りが正しく設定されている。	
	注文金額の多い順に正しく並べ替えられている。	
	表のタイトルが正しく入力されている。	
	表の罫線が正しく設定されている。	
2	取引先名と注文金額が正しく入力されている。	
	注文金額の数値に桁区切りが正しく設定されている。	
	構成比が正しく入力されている。	
	構成比率累計が正しく入力されている。	
	構成比と構成比率累計の数値の小数点以下の桁数が正しく設定されている。	
	ランクが正しく入力されている。	
3	グラフの種類が正しく作成されている。	
	グラフの項目軸が正しく表示されている。	
	グラフの数値軸が正しく設定されている。	
	グラフのタイトルが正しく設定されている。	
	グラフの数値軸の最大値が正しく設定されている。	
	グラフが表の下に正しく配置されている。	
4	正しい保存先に正しい名前で保存されている。	

第3回 模擬試験 採点シート

知識科目

問題	解答	正答	備考欄
1			
2			
3			
4			
5			
6			
7			
8			
9			
10			

実技科目

設問	内容	判定
1	商品ごとの売上が正しく集計されている。	
	商品ごとの仕入が正しく集計されている。	
	商品ごとの期首在庫が正しく入力されている。	
	商品ごとの月末在庫が正しく入力されている。	
	表のタイトルが正しく入力されている。	
2	グラフの種類が正しく作成されている。	
	グラフの項目軸が正しく表示されている。	
	グラフがグラフシートに正しく作成されている。	
	グラフのシート名が正しく設定されている。	
	グラフの数値軸に単位が正しく表示されている。	
	グラフのタイトルが正しく設定されている。	
	グラフの値が正しく表示されている。	
	グラフに凡例が正しく表示されている。	
3	国産大豆の売上が正しく入力されている。	
	国産大豆の仕入が正しく入力されている。	
	国産大豆の期首在庫が正しく入力されている。	
	在庫残高が正しく入力されている。	
	発注欄が正しく入力されている。	
4	正しい保存先に正しい名前で保存されている。	